DK 539.374:620.172:620.178

FORSCHUNGSBERICHTE
DES LANDES NORDRHEIN-WESTFALEN

Herausgegeben durch das Kultusministerium

Nr. 687

Professor Dr. Eugen Kappler

Dr. Heinrich Frinken

cand. phys. Josef Vanheiden

Physikalisches Institut der Universität Münster

Teil I: Das elastische Verhalten der Metalle beim Zugversuch im Bereich der plastischen Verformung

Teil II: Untersuchungen über das elastische Verhalten metallischer Werkstoffe im Bereich der plastischen Verformung beim Brinellschen Kugeldruckversuch

Als Manuskript gedruckt

WESTDEUTSCHER VERLAG / KÖLN UND OPLADEN

1959

ISBN 978-3-663-03351-6   ISBN 978-3-663-04540-3 (eBook)
DOI 10.1007/978-3-663-04540-3

Teil I

Das elastische Verhalten der Metalle beim Zugversuch im Bereich der plastischen Verformung

von Heinrich FRINKEN und Eugen KAPPLER

Einleitung

Bei hinreichend kleinen Verformungen verläuft die Verformung eines Metalles nach dem Hooke'schen Gesetz, d.h., beim Zugversuch mit einem Metallstab der Länge l_0 und mit dem Querschnitt Q wächst die Dehnung $\varepsilon = \frac{\Delta l}{l_0}$ (Δl = Längenänderung) proportional mit der angelegten Zugspannung $\sigma = \frac{P}{Q}$ (P = Zugkraft).

Das Spannungs-Dehnungsdiagramm ist eine Gerade

$$(1) \qquad \varepsilon = \frac{\sigma}{E}$$

deren Neigung durch den Elastizitätsmodul E (E = Modul) des Materials bestimmt wird. Der Vorgang ist reversibel. Bei Entlastung bildet sich die Dehnung ebenfalls nach der Geraden (1) zurück.

Hat man die Probe aber einer so großen Zugspannung unterworfen, daß eine <u>bleibende</u> Dehnung entstanden ist, so ist das Entlastungsdiagramm keine Gerade mehr, und nach erneuter Belastung bis zu der ursprünglichen Zugspannung verläuft die Dehnung nach einer anderen Kurve als beim Entlastungsvorgang. Man erhält eine elastische Hysterese. Sie ist von BERLINER [1] eingehend untersucht worden. Er hat festgestellt, daß der Flächeninhalt der Hystereseschleife, die man nach vollständiger Entlastung erhält, proportional der 4. Potenz der Umkehrspannung σ_0 ist. Dieses Gesetz konnte durch unsere Messungen bestätigt werden.

Ein wesentliches Ergebnis unserer Untersuchungen, das über die Ergebnisse von BERLINER hinausgeht, ist jedoch die Feststellung, daß das Gesetz von BERLINER nur gilt, solange die Umkehrspannung kleiner oder höchstens gleich der Spannung ist, mit der die plastische Dehnung erzeugt worden ist.

Das Hauptziel der vorliegenden Untersuchung war, die Gesetzmäßigkeiten festzustellen, nach denen die Hystereseschleife sich ändert, wenn die plastische Dehnung verändert wird, oder wenn die Umkehrspannung σ_a auf dem platischen Spannungs-Dehnungsdiagramm verläuft.

Der zweite Teil der Untersuchung gilt der Frage nach dem Zusammenhang der elastischen Hysterese mit den inneren Spannungen, die infolge der plastischen Dehnung auftreten. Die inneren Spannungen wurden nach der röntgenographischen Methode gemessen.

I. Die mechanischen Untersuchungen

Die elastische Hysterese

Wird ein Probestab bei quasistatischer Führung des Versuches zunächst plastisch gedehnt mit der Maximalspannung $\sigma_{max} = \sigma_a$ dann völlig entlastet und anschließend neu belastet bis zu der ursprünglichen Maximalspannung σ_{max}, so erhält man ein Spannungs-Dehnungsdiagramm nach Abbildung 1. Man kann an der Hystereseschleife fünf verschiedene Bereiche unterscheiden. Bereich A: der erste Teil der Entlastungskurve

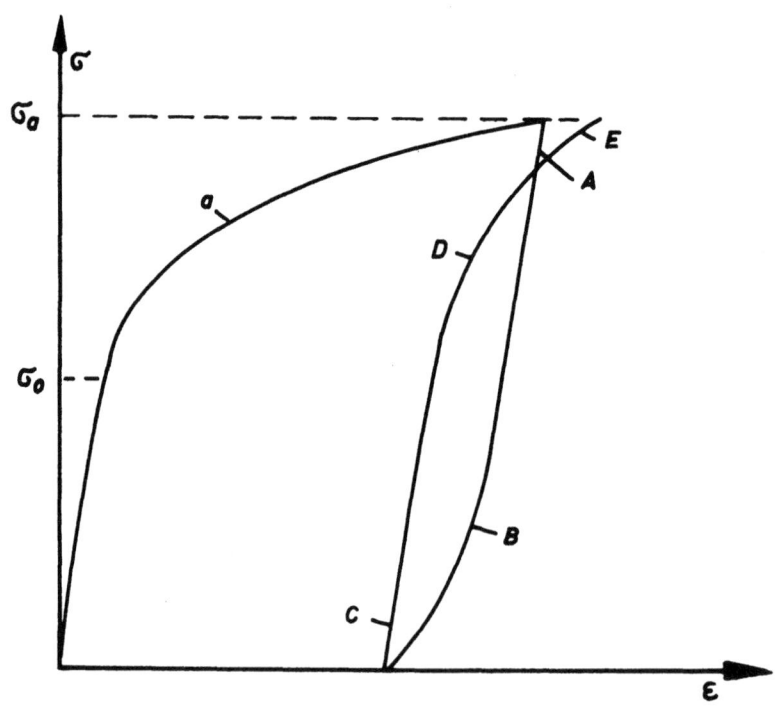

Abbildung 1
Schematische Hystereseschleife

verläuft geradlinig und parallel der Hooke'schen Geraden (1), d.h. mit einer Neigung, die durch den E-Modul des unverformten Materials bestimmt ist, wie schon von HOWARD und SMITH [2] festgestellt worden ist. Unterschreitet die Spannung einen gewissen Wert, so erfolgt die Rückbildung der Dehnung beschleunigt (plastische Rückformation). Das ist der Bereich B. Bei Wiederbelastung - Bereich C - steigt die Dehnung zunächst linear mit der Spannung an, und zwar parallel zum Bereich A, um dann von einer gewissen Spannung an im Bereich D wieder beschleunigt mit der Zugspannung anzusteigen. Der Anstieg im Bereich D erfolgt aber stärker als der Abfall im Bereich B, so daß die Belastungskurve nicht in den Ausgangspunkt einmündet, sondern die Entlastungskurve schon unterhalb der Ausgangsspannung σ_{max} schneidet. Dem Bereich D folgt ein Bereich E, der als Nachfließen bezeichnet werden soll. Hat man also die Ausgangsspannung wieder erreicht, so hat der Stab eine etwas größere Dehnung erfahren als vor dem Durchlaufen der Schleife. Die Fläche, die von der Schleife eingeschlossen wird, liegt stets rechts von der Durchlaufungsrichtung. Es wird also Energie vom Material aufgenommen.

2. Die Versuchsanordnung

Für die experimentellen Untersuchungen wurde eine Zerreißmaschine des Losenhausenwerks Typ UHP 6 mit einer Maximallast von 6 to benutzt. Mit der Lastanzeige wurde die Trommel eines Registriergerätes starr verbunden, das es ermöglichte, Last und Dehnung mit einem Lichtzeiger auf Photopapier zu schreiben. Zur Messung der elastischen Dehnung wurde ein Martens'scher Spiegelapparat an der Probe befestigt und mit der Beleuchtung so justiert, daß die Dehnung senkrecht zur Längsrichtung des Papieres und damit zur Lastanzeige geschrieben wurde. Bei einer Meßstrecke von 100 mm an der Probe ergab eine Dehnung von 0,005 einen Ausschlag des Lichtzeigers auf dem Registrierstreifen von 120 mm. Rechnet man für die Ausmessung der Dehnung auf dem Film mit einer Genauigkeit von nur 0,25 mm, so ermöglicht diese Anordnung noch eine Dehnungsmessung von 1×10^{-5}. Das entspricht einer Genauigkeit von 1 % bei der Messung des Elastizitätsmoduls, z.B. an Fe bei einer Spannung von 20 Kp mm^{-2}.

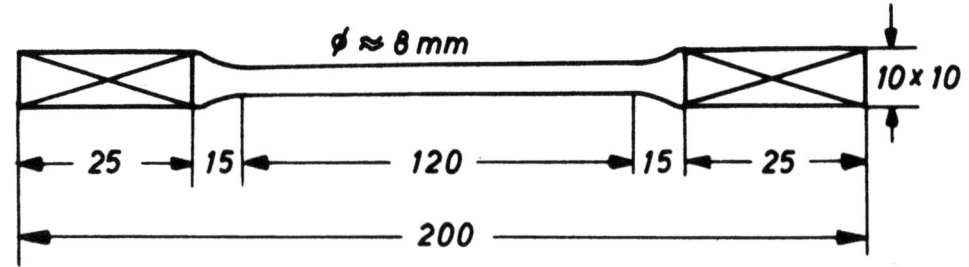

Abbildung 2
Form der Probestäbe

Aus den angelieferten Materialien wurden die Probestäbe in der Form von Abbildung 2 herausgearbeitet. Da nach den Literaturangaben eine Querschnittsabhängigkeit der elastischen Hysterese nicht vorliegt, wie auch in jedem Falle bestätigt werden konnte, wurden die Durchmesser der Proben jeweils so gewählt, daß je nach Streckgrenze und Zerreißfestigkeit des Materials der Lastbereich der Maschine voll ausgenutzt werden konnte, um eine möglichst hohe Meßgenauigkeit in der Spannungsmessung zu erhalten.

In den Stab wurden mit einer Teilmaschine in jeweils 10 mm Abstand Marken eingeritzt, mit deren Hilfe mit einem Fuess'schen Kathetometer die plastische Längenänderung gemessen werden konnte.

Der Querschnitt wurde vor Beginn der Messung mit einer Mikrometerschraube gemessen. Während des Versuches wurde der jeweilige Querschnitt, nach anfänglicher Kontrolle dieser Gesetzmäßigkeit, aus der plastischen Dehnung berechnet nach der Formel

(2) $$\frac{\Delta Q}{Q_0} = -\frac{\varepsilon}{1+\varepsilon}$$

(ΔQ = Querschnittsverminderung, Q_0 = Ausgangsquerschnitt, ε = plastische Dehnung)

Diese Formel folgt aus der Tatsache der Volumenkonstanz bei plastischer Dehnung. Die Spannung wurde also auf den wahren Querschnitt bezogen.

Folgende Materialien wurden untersucht:

Reineisen und Nickel mit einem Reinheitsgrad von 99,9 %; sie lagen in gewalztem Zustand in Stangenform vor; Duralaluminium 17/65, das in

Form von gewalzten Platten geliefert war; handelsübliches Messing (MS 58). Z.T. wurden die Proben thermisch vorbehandelt. Dies erfolgte in einem Vakuumofen.

Die Geschwindigkeit der Erwärmung war so gewählt, daß 700° C in etwa 2 Std. erreicht wurde. Die Abkühlungsgeschwindigkeit war so klein, daß die Zimmertemperatur von 700° C aus erst in 10 bis 12 Stunden erreicht wurde. Während der gesamten Glühzeit war die Vakuumpumpe in Betrieb.

Die Messungen selbst erfolgten so, daß von den Proben zunächst mit dem beschriebenen Registriergerät die ursprüngliche elastische Gerade zur Ermittelung von Streckgrenze und Elastizitätsmodul, dann nach verschiedenen Dehnungsgraden die Hysterese in der Reihenfolge Entlastung - Belastung aufgenommen wurden.

Vor Beginn jedes Schleifenumlaufs wurde die Probe bei geschlossener Kamera so lange unter konstanter Last gehalten, bis der Lichtpunkt vor dem Verschluß in einer Minute etwa nur noch um den Betrag des eigenen Durchmessers wanderte, um einen möglichst stationären Dehnungszustand zu erreichen. Die Umlaufgeschwindigkeit wurde überall konstant mit nahezu 1 Minute pro Umlauf gehalten.

Bei mehrfachen Be- und Entlastungen bei derselben Maximallast sorgte eine bessere Vorrichtung an der Maschine für die Einhaltung der konstanten Last. Diese Konstanthaltung geschah ebenfalls mit ungefähr 1 % Genauigkeit. Bei diesen Mehrfachumläufen blieb die Probe vor jeder neuen Entlastung eine Minute unter Maximallast stehen.

Zur Auswertung der Registrierfilme wurde zunächst deren Schrumpfung ermittelt, die sie während des Entwicklungsprozesses erfahren hatten. Obwohl sie immer in der Größenordnung 0,5 % blieb, wurden die ausgemessenen Spannungs-Dehnungswerte sowie die ausplanimetrierten Hystereseflächen mit dem ermittelten Schrumpfungsmaßstab korrigiert, so daß nur reine Fehler der Last- und Dehnungsmessung diese Ergebnisse fälschen. Wie schon in der Einleitung beschrieben wurde, schneidet die Entlastungskurve die der Entlastung bereits unterhalb der oberen Umkehrspannung. Die Differenz $\sigma_{max} - \sigma_{Schnittpunkt}$ ändert sich mit $\sigma_{max}(\varepsilon_{pl})$ und der Zahl der Umläufe und ist nur mit relativ großem Fehler zu ermitteln, da der Schnittwinkel beider Kurven sehr klein ist. Um diesem Fehler zu entgehen, wurde nur die untere Hälfte der Hysterese bis zur Spannung $1/2\, \sigma_{max}$ ausplanimetriert.

Registrierkurven, die infolge geringer Verhakungen in der Maschine nicht glatt verliefen, wurden je nach Fehlergröße entweder verworfen oder nach Augenmaß geglättet.

3. Versuchsergebnisse

a) Der Flächeninhalt der Hystereseschleife in Abhängigkeit von der oberen Umkehrspannung

Der Flächeninhalt der Hystereseschleife, der der aufgenommenen Energie proportional ist, hängt von der oberen und der unteren Umkehrspannung ab. Die untere Umkehrspannung wurde in allen Versuchen gleich Null gewählt und die Abhängigkeit der Hysteresefläche von der oberen Umkehrspannung untersucht.

Wie in der Einleitung schon erwähnt worden ist, hat man 2 Fälle zu unterscheiden:

Fall A). Die Umkehrspannung σ_o entspricht einem Punkt des Spannungs-Dehnungsdiagrammes (Kurve a in Abbildung 1). Dieser Fall ist in Abbildung 1 gezeichnet. Die so festgelegte Umkehrspannung sei mit σ_{max} bezeichnet. Es wird nun σ_{max} und damit die plastische Dehnung ε_{pl} variiert.

Bei allen untersuchten Proben ergab sich ein linearer Zusammenhang zwischen der Hysteresefläche F und der oberen Umkehrspannung σ_{max}. Abbildung 3 zeigt ein Beispiel für eine bei 700°C geglühte Ni-Probe. Abbildung 4 bringt weitere Beispiele und einen Überblick über die Lage dieser Geraden bei verschiedenen Metallen. Danach gilt also

$$(3) \qquad F = A + B \cdot \sigma_{max}$$

Der Achsenabschnitt A ist negativ und hat die Bedeutung einer Spannung bzw. einer Energie pro Volumeneinheit. A hängt sehr wesentlich von der thermischen Vorbehandlung der Probe ab und wird mit abnehmender Streckgrenze, d.h. bei höherer Glühtemperatur und längerer Glühdauer, dem Betrage nach kleiner. Man kann A als Energie pro cm^3 auffassen, die bis zum Einsetzen der plastischen Verformung zur Verfügung gestellt werden muß.

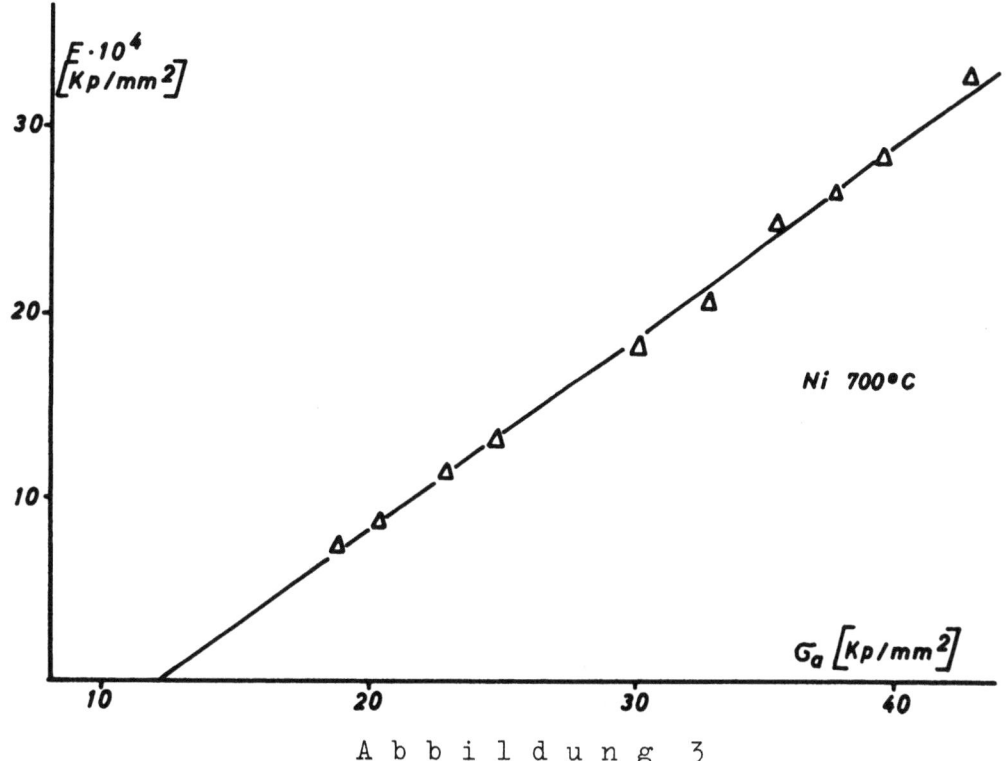

Abbildung 3

Hystereseflache in Abhängigkeit von der oberen Umkehrspannung für eine Ni-Probe, bei 700°C getempert

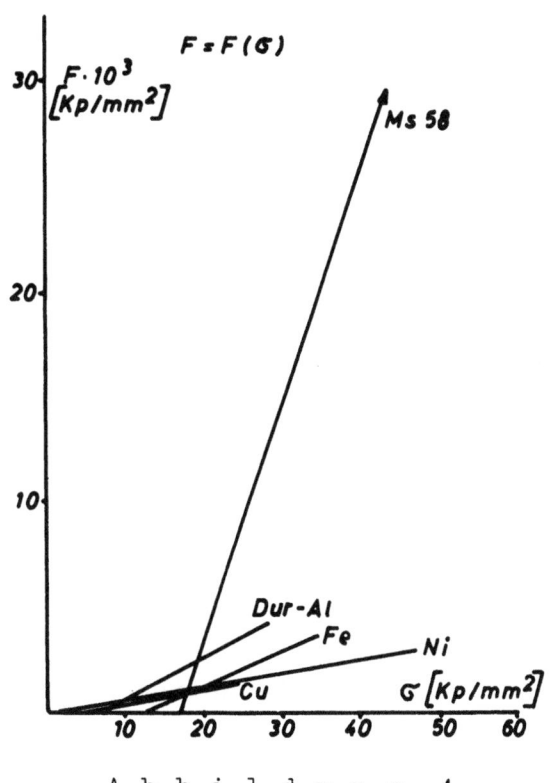

Abbildung 4

Hystereseflächen-Spannungsdiagramm für verschiedene Metalle

Den Abszissenabschnitt σ_0 der Geraden kann man zur Definition einer Streckgrenze heranziehen.

(4) $$\sigma_0 = -\frac{A}{B} \ .$$

Bei allen untersuchten Proben stimmte der so erhaltene Wert etwa mit der Elastizitätsgrenze überein. Im folgenden soll darum unter Streckgrenze immer die Definition (4) verstanden werden.

Es kann nicht mit Sicherheit behauptet werden, daß die Gerade bis zur Streckgrenze herab erhalten bleibt. Systematische Andeutungen dafür aus den kleinsten gemessenen Werten der Fläche sind jedoch nicht vorhanden.

Die Abhängigkeit der Geraden (3) von der thermischen Vorbehandlung läuft derart, daß mit längerer Glühdauer und höherer Glühtemperatur die Streckgrenze abnimmt und gleichzeitig die Neigung der Geraden geringer wird. Dies geschieht bemerkenswerterweise in dem Maße, daß alle Geraden eines Materials durch einen Schnittpunkt gehen (Abb. 5, 7, 9, 11).

Die Bedingung dafür, daß die Geraden durch einen Schnittpunkt gehen, ergibt für die bei verschiedenen Temperaturen vorhandenen Konstanten B und A den Zusammenhang:

(5) $$B = B_0 - kA \ .$$

Dabei sind B_0 und k Konstante, die nur noch vom Material und nicht mehr von der Vorbehandlung abhängen.

Die Abbildungen 6, 8 und 10, in denen die bei verschiedenen Temperaturen gemessenen Werte von A und B gegeneinander aufgetragen sind, bestätigen diesen Zusammenhang.

B_0 ist die Steigung für A = 0; 1/k ist der Abszissenwert σ_k des Schnittpunktes.

Fall B). Wenn man bei einer bestimmten festgehaltenen plastischen Dehnung ε_{pl}, d.h. auch bei einem festgehaltenen Spannungswert σ_{max} des Spannungs-Dehnungsdiagramms die Hystereseschleife bei verschiedenen oberen Umkehrspannungen σ aufnimmt - die untere Umkehrspannung bleibt wiederum konstant und gleich Null - so erhält man keinen linearen

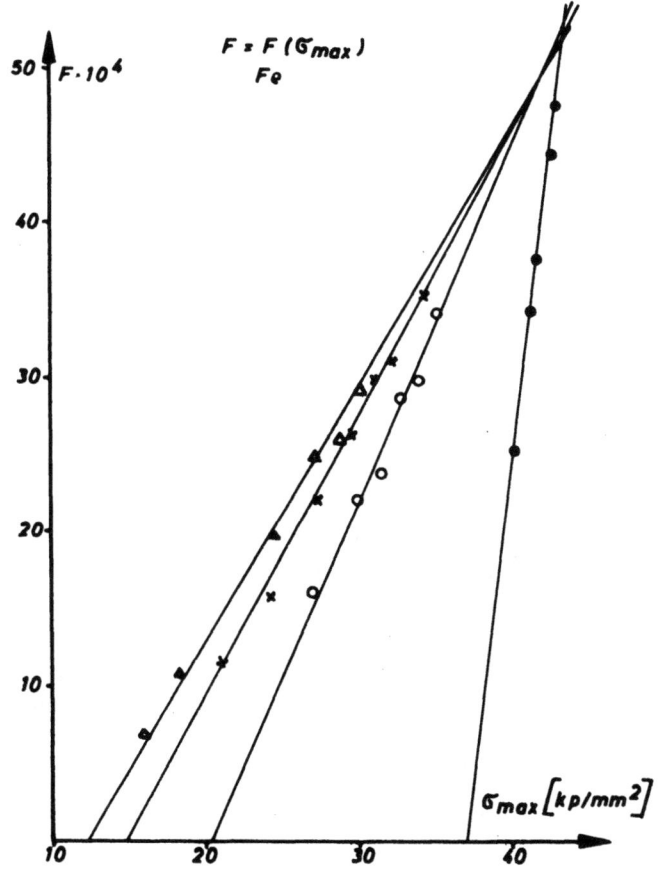

Abbildung 5

Hystereseflächen-Spannungsdiagramm für Fe
bei verschiedenen Glühtemperaturen

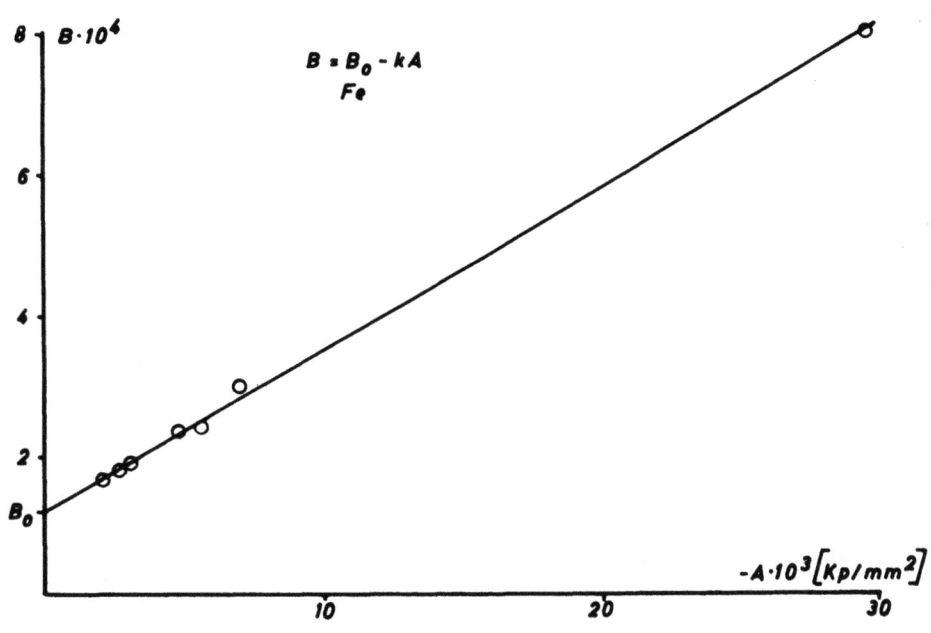

Abbildung 6

Abhängigkeit der Konstanten A und B für Fe

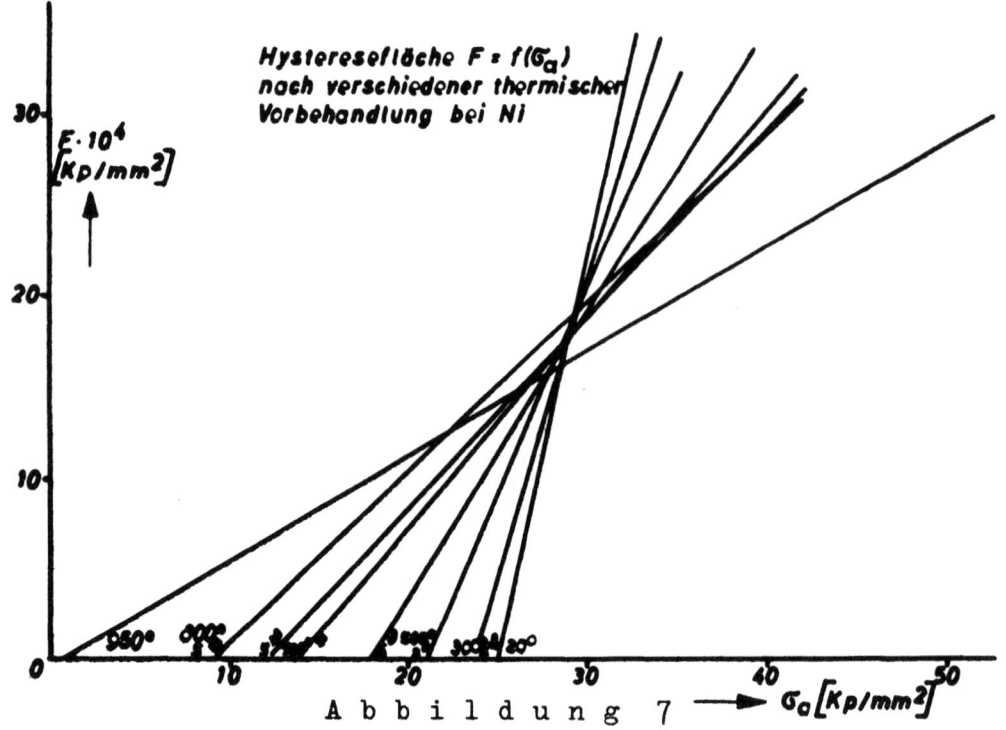

Abbildung 7

Hystereseflächen-Spannungsdiagramm für Ni
bei verschiedenen Glühtemperaturen

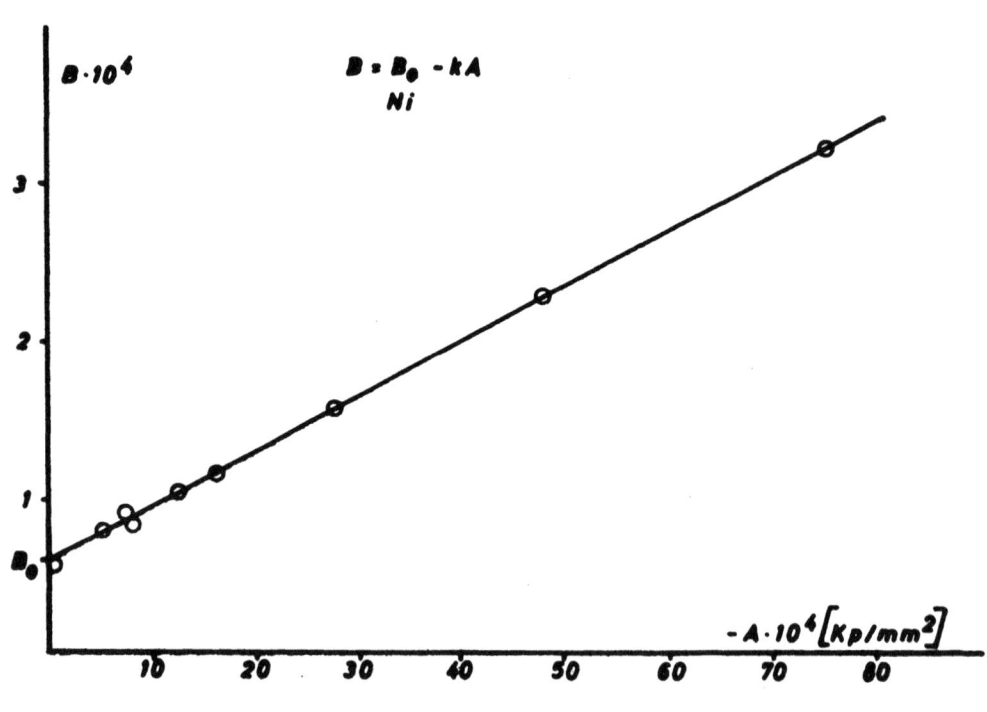

Abbildung 8

Abhängigkeit der Konstanten A und B für Ni

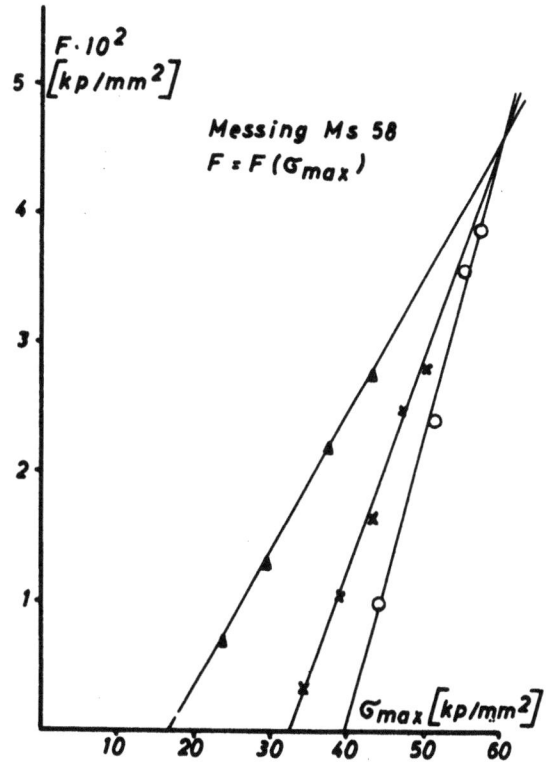

Abbildung 9

Hystereseflächen-Spannungsdiagramm für Messung
bei verschiedenen Glühtemperaturen

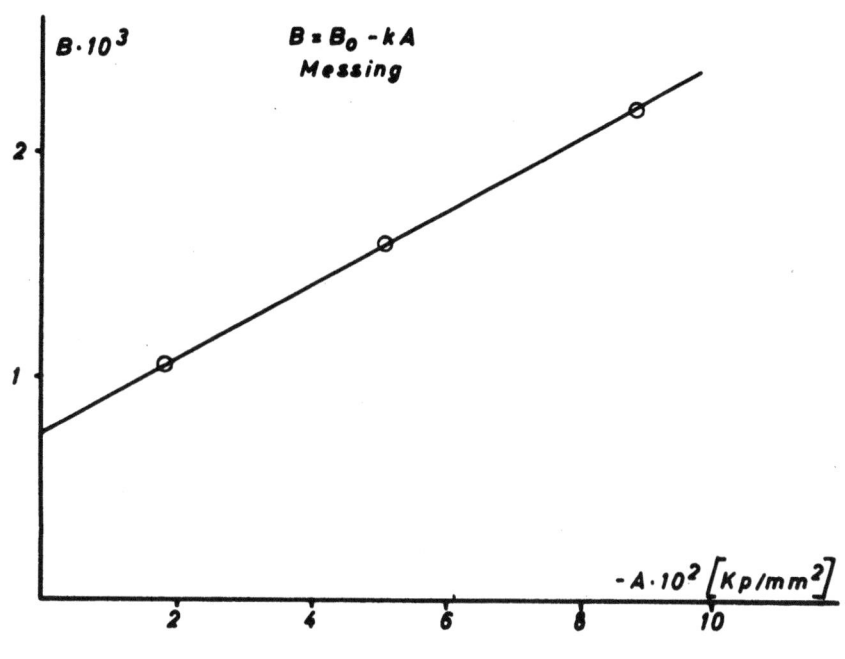

Abbildung 10

Abhängigkeit der Konstanten A und B für Messing

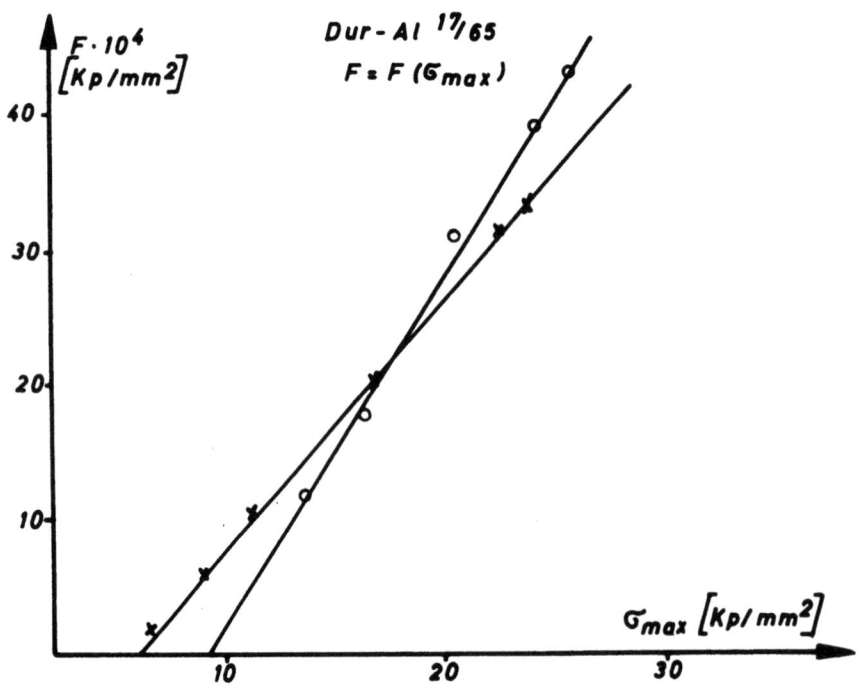

Abbildung 11

Hystereseflächen-Spannungsdiagramm für Duralaluminium

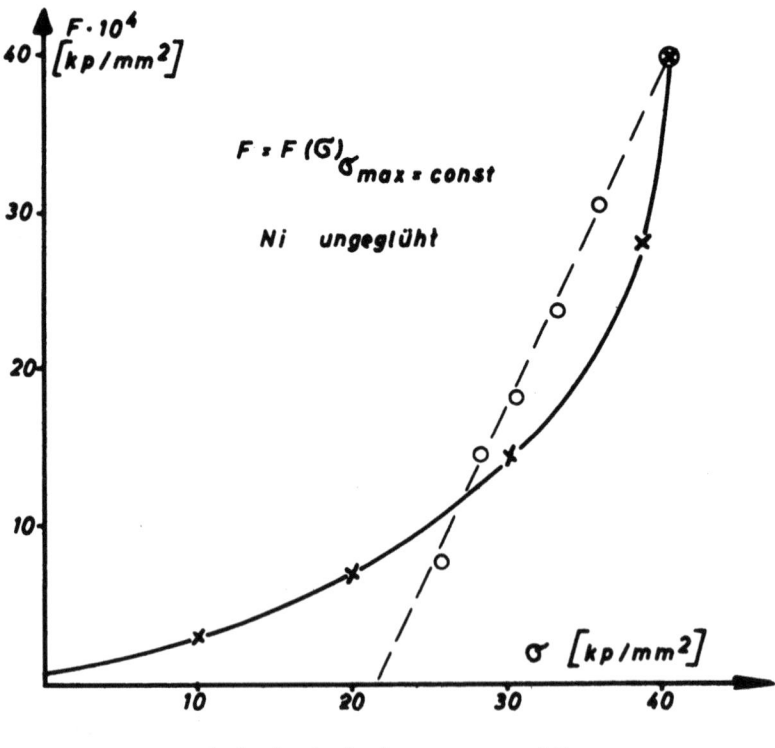

Abbildung 12

Hystereseflächen-Spannungsdiagramm bei konstant
gehaltener platischer Dehnung für Ni

Zusammenhang zwischen Hystereseflächen und oberer Umkehrspannung σ. Es liegt der Fall vor, der von BERLINER [1] eingehend untersucht worden ist, und bei dem die Fläche mit der 4. Potenz von σ ansteigt. Diesen beschleunigten Anstieg von F mit σ ergaben auch unsere Messungen (Abb. 12).

Der Proportionalitätsfaktor C dieses Gesetzes

(6) $$F_{\varepsilon_{pl} = const.} = C \sigma^4$$

ist abhängig von der plastischen Deformation ε_{pl}, d.h. auch von σ_{max} er hängt außerdem vom Material und der jeweiligen Streckgrenze, d.h. von den Konstanten A und B ab.

Die Abhängigkeit von C als Funktion von σ_{max}, B und A bzw. B_o, k und A erhält man aus der Forderung, daß für $\sigma = \sigma_{max}$ der Wert von F nach Glch. (6) derselbe sein muß wie der aus Glch. (3) folgende. Es ergibt sich

(7) $$C = \frac{1}{\sigma_{max}^3} \left[B_o - \left(k - \frac{1}{\sigma_{max}} \right) \cdot A \right]$$

b) Der mittlere Elastizitätsmodul Em

Man kann für das mittlere elastische Verhalten einen "mittleren Elastizitätsmodul" Em auf folgende Weise definieren. $Em = \frac{\sigma_{max}}{\varepsilon_{el\,max}}$. Sein reziproker Wert ist dann die Steigung der Verbindungsgeraden vom oberen zum unteren Umkehrpunkt. Sein Verhalten als Funktion von σ_{max} ist insofern interessant, als man damit die Beziehung (7) prüfen kann.

Wie nämlich schon BERLINER [1] durch sorgfältige Messungen bestätigte, kann man die Belastungskurve der Hysterese mit ausreichender Näherung durch ein Gesetz

(8) $$\varepsilon_{el} = \frac{1}{E} \sigma + 2 C \sigma^3$$

darstellen, wobei C die Konstante aus dem Gesetz (6) ist.

Berechnet man hieraus $\varepsilon_{el\,max}$, indem man in (8) $\sigma = \sigma_{max}$ einsetzt, so erhält man mit dem Wert von C aus Glch. (7) für Em:

(9)
$$Em = \frac{E}{1 + \frac{2EB}{\sigma_{max}}\left(1 - \frac{\sigma_0}{\sigma_{max}}\right)}$$

Es sinkt demnach Em mit Überschreiten der Streckgrenze stark ab, erreicht für $\sigma_{max} = 2\sigma_0$ ein Minimum, um dann wider anzusteigen. Alle Minima liegen auf einer Hyperbel, für die die Ordinate und eine Parallele zur Abszisse Em = E die Asymptoten sind.

Abbildung 13 zeigt die Messungen an Ni. Jede Kurve ist nach den Mittelwerten aus je 4 Einzelreihen gezeichnet. Man erkennt eine gute Übereinstimmung mit dem durch (9) geforderten Verlauf. Damit wird gleichzeitig bestätigt, daß für C die Beziehung (7) gerechtfertigt ist.

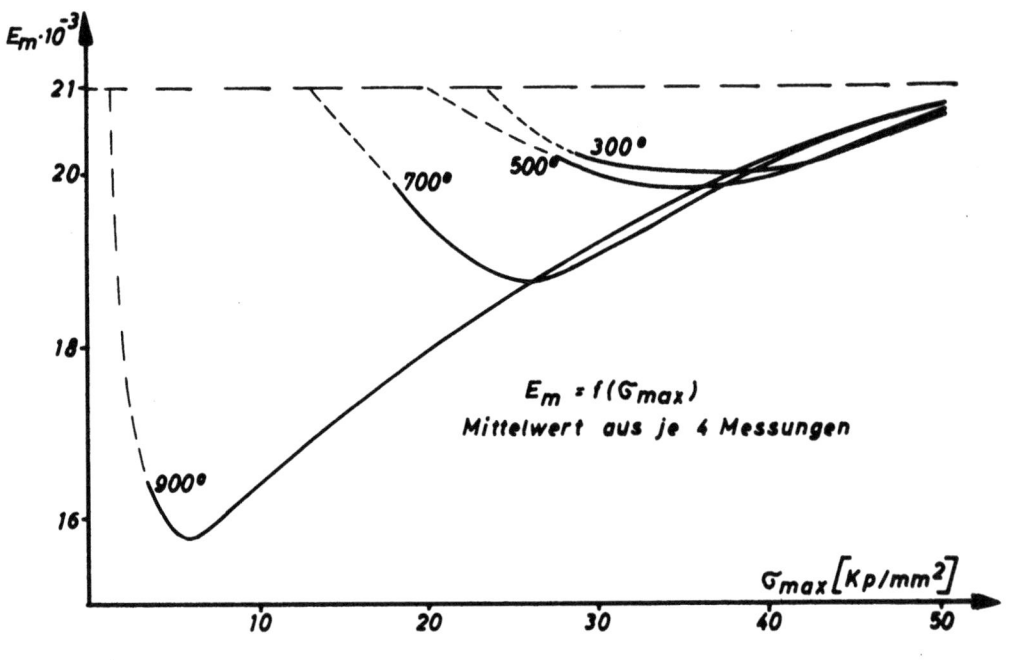

A b b i l d u n g 13

Mittlerer E-Modul Em als Funktion der Umkehrspannung σ_{max} für verschiedene Glühtemperaturen

c) Das Verhalten der Hysterese nach mehrmaligem Umlauf

1) Hystereseflache

Umläuft man bei fester oberer Umkehrspannung die Hysteresekurve mehrmals, so nimmt die Fläche ab, und zwar nach den ersten Umläufen schneller als nach den späteren Umläufen. Abbildung 14 zeigt für Ni die Abnahme der Fläche als Funktion der Umlaufzahl für verschiedene Werte

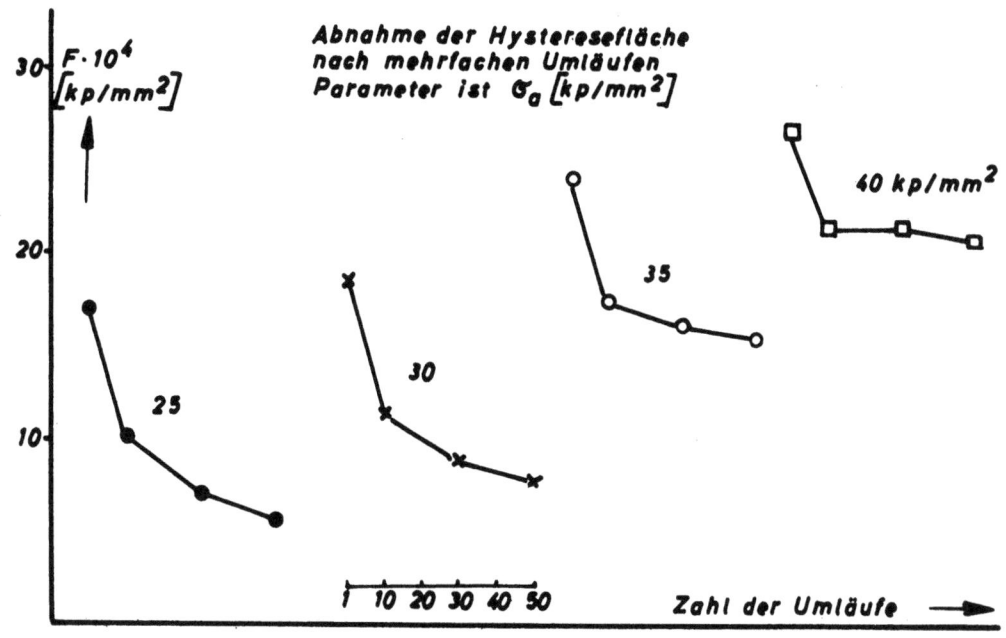

Abbildung 14
Hystereseflāche nach mehrmaligen Umläufen für Ni

der oberen Umkehrspannung. Man sieht, daß nach 50 Umläufen die Fläche für Umkehrspannungen unterhalb der Schnittpunktsspannung σ_k noch eine weitere Tendenz zur Abnahme besitzt, während sich für Umkehrspannungen oberhalb σ_k schon nach wenigen Umläufen ein konstanter Endwert einstellt.

Abbildung 15 zeigt die Abnahme der Fläche für Messing.

2) Der mittlere Elastizitätsmodul E_m

Parallel mit der Flächenabnahme geht ein Anstieg des mittleren E-Moduls E_m. Dies ist eine Folge davon, daß die linearen Abschnitte A und C (vgl. Abb. 1) der Belastungs- und Entlastungskurven sich vergrößern auf Kosten der gekrümmten Anteile B und D; d.h., die plastischen Vorgänge innerhalb der Hystereseschleife treten zurück, und die Schleife richtet sich auf. Auch hier unterscheiden sich die Schleifen mit Umkehrspannungen unterhalb σ_k von denen oberhalb σ_k. Bei den letzteren ist der prozentuale Anstieg kleiner als bei dem ersten (Abb. 16).

3) Das Nachfließen

Das Nachfließen (Bereich E in Abb. 1) ändert sich ebenfalls mit der Zahl der Umläufe.

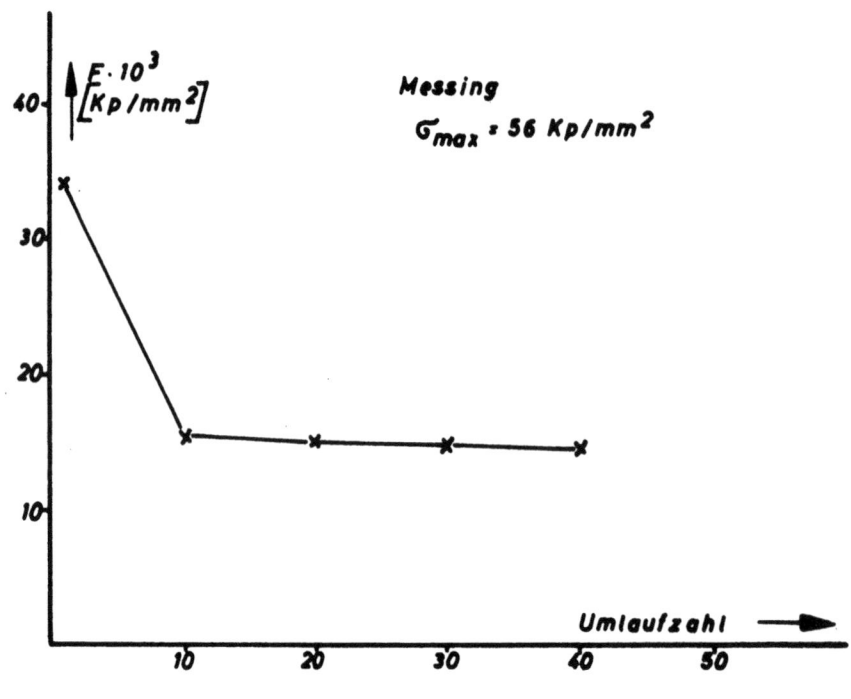

Abbildung 15

Hysteresefläche nach mehrmaligen Umläufen für Messing

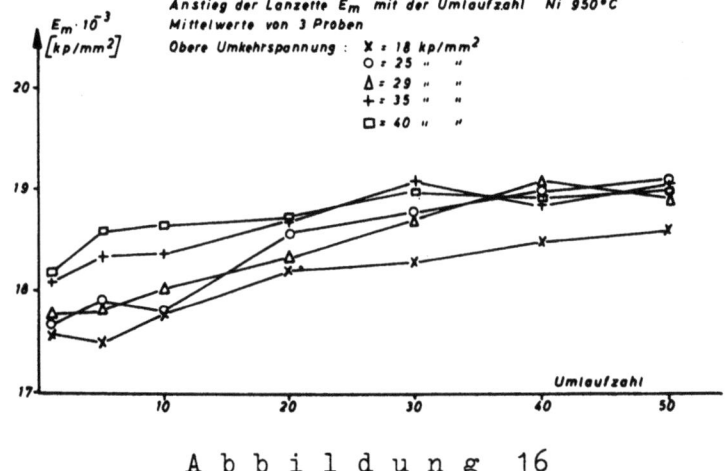

Abbildung 16

Mittlerer E-Modul Em nach mehrmaligem Umlauf der Hystereseschleife

Auch diese Änderung erfolgt in verschiedener Weise bei Umkehrspannungen unterhalb und oberhalb σ_k. Unterhalb σ_k nimmt das Nachfließen mit wachsender Umlaufzahl erst schneller, dann langsamer ab; oberhalb σ_k folgt auf die anfängliche Abnahme nach Durchlaufen eines Minimums eine Zunahme des Nachfließens (Abb. 17). Noch deutlicher geht dies aus Abbildung 18 hervor, wo der zeitliche Verlauf des Nachfließens

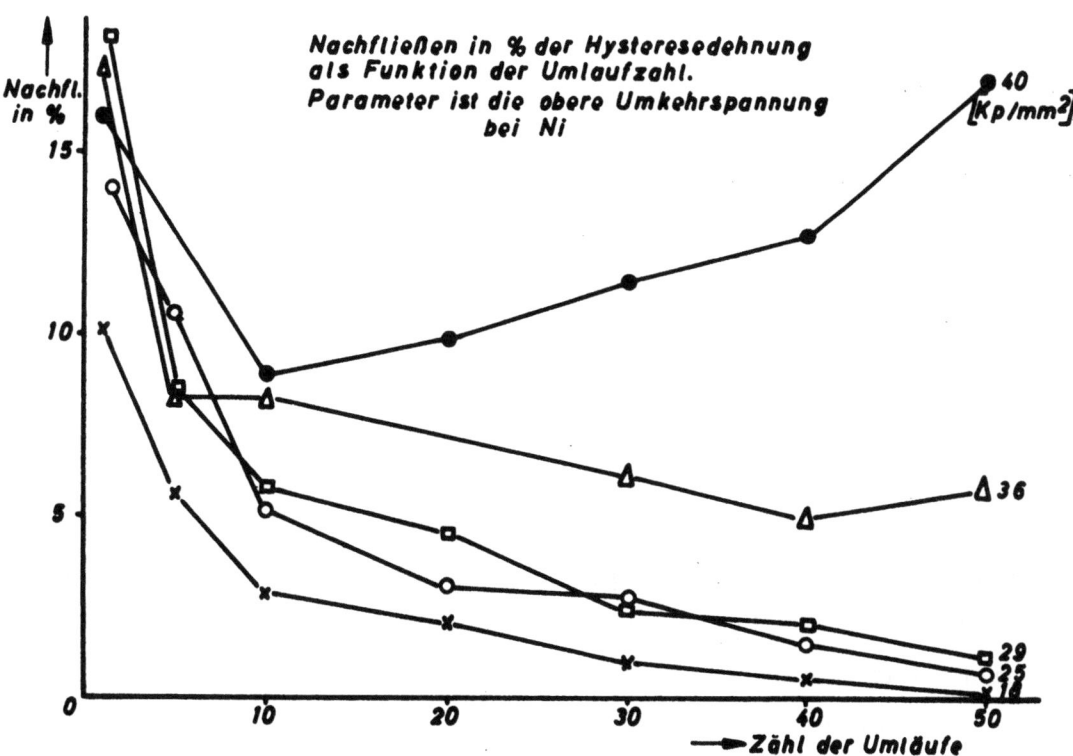

Abbildung 17
Nachfließen als Funktion der Umlaufzahl

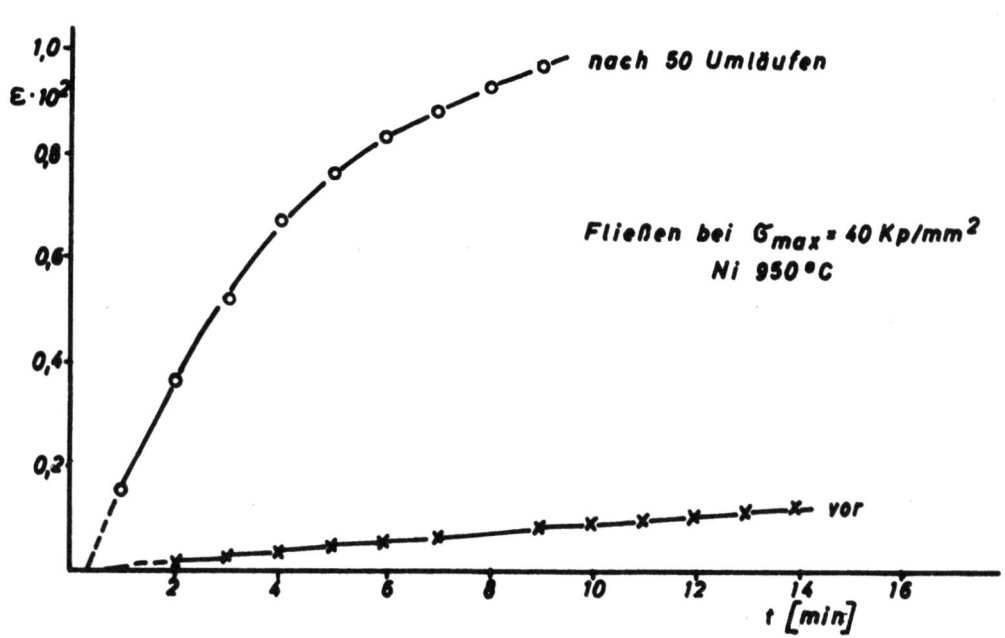

Abbildung 18
Zeitlicher Verlauf des Nachfließens

für die Umkehrspannungen 40 $\frac{kp}{mm^2}$ vor Beginn der ersten Schleife und nach dem 50. Umlauf dargestellt ist.

d) Verhalten der Hysterese nach Temperung

Einen ähnlichen Einfluß auf die Hystereseflache wie das mehrmalige Umlaufen der Fläche bewirkt eine Temperung bei etwa 200°C. Die Fläche nimmt nach der Temperung ab. In Abbildung 19 ist eine Versuchsreihe beschrieben, die an einer Ni-Probe folgendermaßen ausgeführt wurde. Zunächst wurde in der vorher ausgeglühten Probe mit wachsender Umkehrspannung einige Male die Hystereseschleife gemessen, um hieraus den Verlauf der Geraden (3) zu ermitteln. Sodann wurde die Umkehrspannung auf den gewünschten Wert σ_{max} gesteigert, bei dem die Temperungmessung gemacht werden sollte - es ist ein Wert $\sigma_{max} < \sigma_k$ gewählt worden, um nicht durch das oberhalb σ_k stattfindende starke Nachfließen der vorherigen Umkehrspannung den gesuchten Effekt zu verwischen.

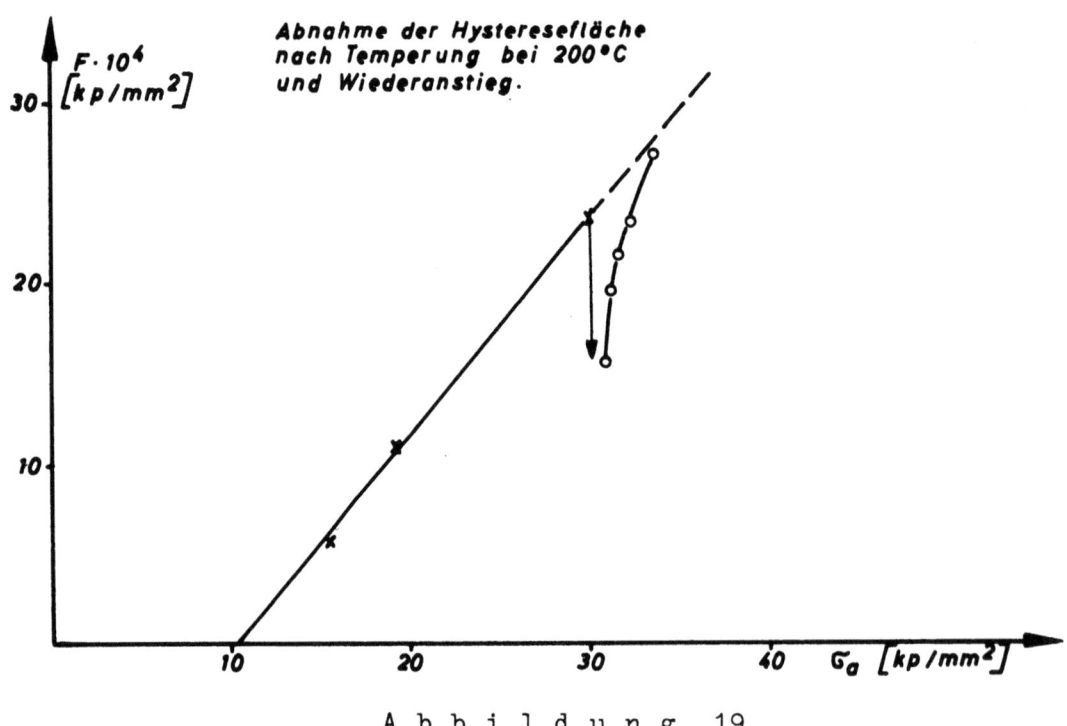

Abbildung 19

Verlauf der Hystereseflache nach Temperung bei 200°C für Ni

Nachdem bei der gewählten Umkehrspannung die Hystereseschleife gemessen war, wurde die Probe 2 Std. bei 200°C im Vakuumofen getempert. Anschließend wurde der Wiederanstieg der Spannung bis zur vorherigen Maximalspannung und an einigen Stellen die Hystereseschleife registriert. Die Hysteresefläche steigt nunmehr wesentlich rascher und nicht mehr linear mit der Umkehrspannung an. Die neue Kurve biegt asymptotisch in die ursprüngliche Gerade ein.

Das gleiche Verhalten ergab sich bis zu Temperaturen um 400°C. Oberhalb 400°C verschwindet diese Erscheinung; gleichzeitig beobachtet man eine Abnahme der Streckgrenze, d.h., man befindet sich auf einer anderen Geraden in dem Flächenspannungsdiagramm.

Zusammenfassend ist zu diesen Versuchen an Ni zu sagen:

1. Streckgrenzenerholung tritt im merklichen Ausmaße erst ab ca. 400°C ein (vgl. auch Abb. 22).

2. Unterhalb 400°C werden jedoch die für die Hysterese maßgeblichen inneren Spannungen weitgehend abgebaut, und zwar ab ca. 200°C.

II. Röntgenographische Messungen der Eigenspannungen bei Nickel und Vergleich mit den Hysteresemessungen

Der plastische Anteil der innerhalb des Hysteresephänomens sich abspielenden Verformungsvorgänge wird durch die inneren Spannungen verursacht, die in einem vielkristallinen Stoff nach einer plastischen Verformung entstehen. Es erscheint daher sinnvoll, den Eigenspannungszustand einer plastisch gedehnten Probe zu messen und mit den Hystereseerscheinungen zu vergleichen. Zur Bestimmung der mittleren Eigenspannungen bietet sich das röntgenographische Verfahren an. Bekannt ist die Tatsache, daß die aus der Verbreiterung der Debeye-Scherrer-Linien ermittelten inneren Spannungen dieser Verbreiterung proportional sind und linear mit der äußeren Spannung ansteigen (SCHMIDT und MÜLLER [3], KAPPLER und REIMER [4], REIMER [5]). Insbesondere ist von KAPPLER und REIMER [4] unter Anwendung der Greenough'schen Theorie festgestellt worden, daß bei der Verformung mit einachsigem Spannungszustand, was bei der Dehnung eines weichgeglühten Stabes vorliegt, 2 Arten von Eigenspannungen auftreten, die sich durch Änderung des Einfallswinkels des Röntgenstrahls auf die zu untersuchende Probe voneinander trennen lassen; nämlich innere Spannungen 2. Art, die von Kristallit zu Kristallit variieren, aber innerhalb eines Kristalliten homogen sind, und Spannungen 3. Art, die innerhalb eines Kristalliten inhomogen sind.

So entstand einmal die generelle Frage, ob ein Zusammenhang der Hystereseflächemit den röntgenographisch ermittelten inneren Spannungen zu konstatieren ist, und speziell die Frage, mit welcher Sorte von Eigenspannungen die Hystereseerscheinungen zusammenhängen.

1. Versuchsanordnung

Die röntgenographischen Messungen im Rückstrahlverfahren wurden mit einer Röntgenapparatur nach SEEMANN mit Cu-Kα_1-Strahlung durchgeführt. Der Röntgenstrahl verlief durch die Mitte einer senkrecht zu ihm stehenden Planfilmkassette. Zur Messung wurde die Reflexion an der (420)-Ebene der Ni-Kristallite ausgenutzt. Um möglichst viele Körner zu erfassen, wurde die Probe während der Belichtungszeit durch eine eigens dazu hergestellte Vorrichtung parallel zu ihrer Längsrichtung verschoben und gedreht, ohne den Abstand Probe-Film dabei zu verändern.

Zur Messung der Linienbreite wurde ein Zeiß'sches Schnellphotometer benutzt. Die gemessenen Linienbreiten wurden alle auf einen mittleren Kreisdurchmesser der Kα_1-Reflexion von 50 mm bezogen. Der Abstand Probe-Film war so gewählt, daß dieser Kreisdurchmesser auf dem Film ungefähr verwirklicht war, so daß die Umrechnung immer nur kleinere Korrekturen brachte.

Die Proben unterschieden sich nicht von den oben beschriebenen. Sie wurden nach thermischer Vorbehandlung in der Zerreißmaschine wie in Teil I. beschrieben, beansprucht und dann nach Entlastung vor die Röntgenapparatur gestellt.

2. Versuchsergebnisse

a) Die Verbreiterung der Röntgenlinien als Funktion der äußeren Spannung

In Abbildung 20 ist die Linienverbreiterung, definiert als Differenz der gemessenen Linienbreite und der sogenannten "Grundlinienbreite", die an spannungsfrei geglühtem Nickel ermittelt worden war, gegen die äußere Zugspannung aufgetragen. Bemerkenswerterweise ergeben sich dabei ebenfalls bei Proben mit verschiedener thermischer Vorbehandlung Geraden

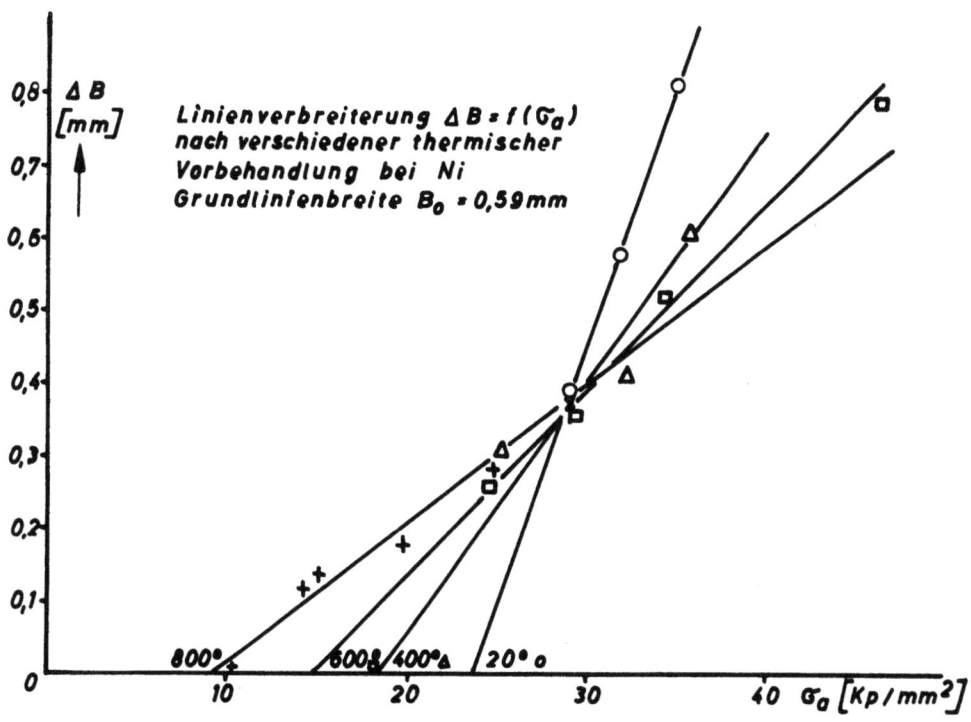

Abbildung 20

Die röntgenographische Linienverbreiterung B - B_o in Abhängigkeit von der oberen Umkehrspannung für Ni bei verschiedenen Glühtemperaturen mit einem gemeinsamen Schnittpunkt, der bei derselben Spannung σ_k liegt wie bei den Geraden in dem Flächen-Spannungsdiagramm der Abbildungen 5, 7 und 9.

b) Änderung der Linienbreite nach mehrmaligem Hystereseumlauf

Mit der oben beschriebenen Abnahme der Hysteresefläche durch mehrfachen Umlauf ist eine Abnahme der Linienverbreiterung verbunden, wie aus Abbildung 21 hervorgeht. Aufgetragen ist hier die Linienverbreiterung als Funktion der oberen Umkehrspannung für 2 verschiedene Glühvorbehandlungen, und zwar vor dem ersten und nach dem jeweils angeschriebenen Umlauf.

c) Abnahme der Linienverbreiterung durch Temperung bei niedrigen Temperaturen

Eine Abnahme der Linienverbreiterung schon bei Temperaturen um ca. 200°C ist bereits von REIMER [6] an Ni festgestellt worden. Seine Messungen sind in Abbildung 22 dargestellt. Aus ihnen geht insbesondere

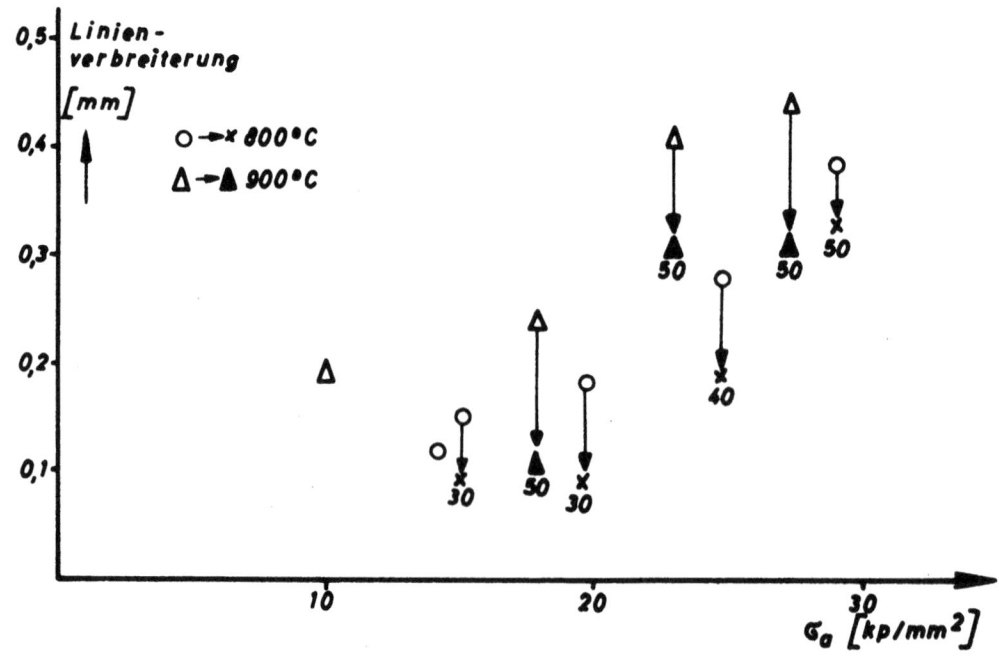

Abbildung 21

Linienverbreiterung in Abhängigkeit von der Zahl der Umläufe für Ni

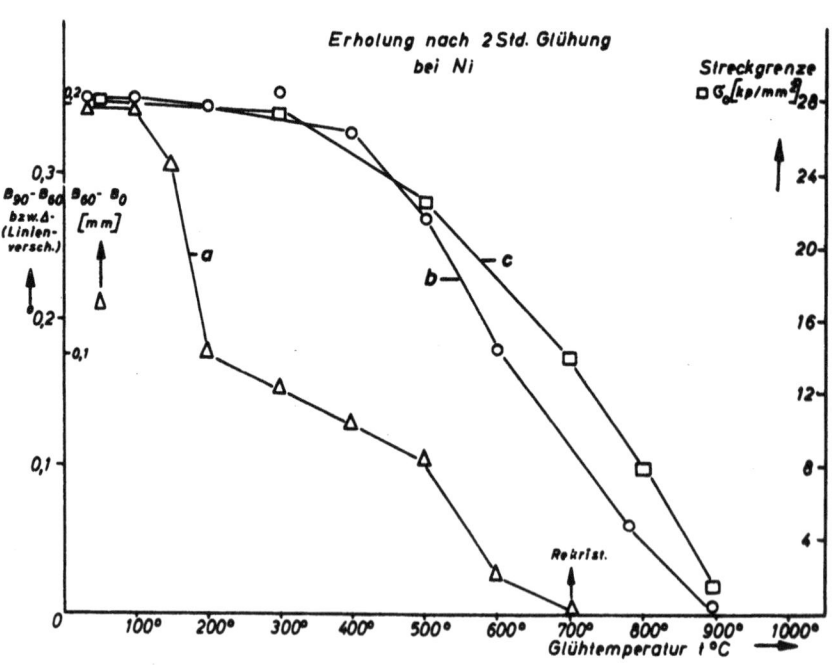

Abbildung 22

Erholungsdiagramme für die inhomogenen Spannungen (a), die homogenen Spannungen (b), die Streckgrenze (c) nach REIMER [6]

hervor, daß es nur die inhomogenen Spannungen sind, die bei diesen niedrigen Temperaturen sich erholen, während die homogenen Eigenspannungen erst oberhalb 400°C sich merklich zurückbilden. Die Abbildung zeigt ferner, daß in den inhomogenen Spannungen noch ein zweiter Anteil enthalten ist, der dasselbe Erholungsverhalten aufweist, wie die homogenen Spannungen (zweiter Abfall bei ca. 500°C). Inzwischen ist von FRIE [7] durch Untersuchungen an grobkristallinem Aluminium nachgewiesen worden, daß dieser zweite Anteil der inhomogenen Eigenspannungen nur in der Nähe der Kristallitgrenzen auftritt. Er gehört seinem Wesen nach zu den homogenen Spannungen, die in Wirklichkeit nicht über das ganze Korn homogen verlaufen können, sondern wegen der Grenzbedingungen in der Nähe der Korngrenzen inhomogen werden müssen. Sinngemäß müßte man diese zweite Art von inhomogenen Spannungen als inhomogenen Anteil der homogenen Spannungen bezeichnen.

d) Zusammenhang zwischen Hysterese und inhomogenen Eigenspannungen

Der Zusammenhang der Hysterese mit den Eigenspannungen ist nach den Ergebnissen der vorigen beiden Abschnitte unverkennbar. Die Ergebnisse des letzten Abschnittes lassen darüber hinaus vermuten, daß es die inhomogenen Eigenspannungen sind - und zwar der erste schon bei tieferen Temperaturen erholungsfähige Anteil - die die Hystereseerscheinungen verursachen. Diese Vermutung kann durch weitere Versuche, die im folgenden mitgeteilt werden sollen, noch weiter erhärtet werden.

Wie schon in der Einleitung von Abschnitt II. angedeutet worden ist, läßt sich durch Änderung des Einfallswinkels des Röntgenstrahls zur Probenachse eine Trennung der homogenen und der inhomogenen Eigenspannungen vornehmen [4]. Man erhält für die Gesamtlinienbreite B als Funktion des Einfallswinkels β :

$$(10) \qquad B = B' + \frac{\Delta B}{\nu} \left| \nu \cdot \sin^2\beta - \cos^2\beta \right|$$

Dabei setzt sich B' aus der Grundlinienbreite B_o - Breite ohne innere Spannungen, wie man sie an der extrem weichgeglühten Probe beobachtet hat - und dem durch inhomogene Eigenspannungen und Teilchenkleinheit bedingten Anteil zusammen, während ΔB den durch homogene Eigenspannungen II. Art bedingten Anteil darstellt. ν ist die Poisson'sche Zahl.

Für $\nu = 0{,}3$ errechnet sich als Bedingung für das Verschwinden des zweiten Summanden $\beta = 60°$. Die Linienverbreiterung $B_{60°} - B_0$ ist demnach allein durch inhomogene Eigenspannungen und Teilchenkleinheit hervorgerufen.

Abbildung 23 zeigt den gemessenen Gang der Gesamtlinienbreite B in Abhängigkeit vom Einfallswinkel β für eine äußere Spannung $\sigma_k = 36$ kg/mm^2, der entsprechend Formel (10) mit einem Minimum ca. $60°$ verläuft. Die Kurven gehen in Geraden über, wenn man, wie in den folgenden Abbildungen (24) bis (27) geschehen, als Abszisse $|\nu \cdot \sin^2\beta - \cos^2\beta|$ aufträgt. Die mit o gekennzeichneten Meßpunkte gehören zu der ungetemperten Probe ($20°$C). Die mit x gekennzeichneten Punkte ergaben sich nach einer Temperung bei $100°$C. Die Δ-Punkte wurden nach einer Temperung bei $200°$C erhalten. Die letztere Kurve ist parallel zur oberen nach kleineren Werten verschoben. Daraus geht nach (10) hervor, daß nur der inhomogene Anteil B' sich verändert hat. Hätte auch der homogene Anteil ΔB sich verändert, so hätte sich die Neigung in den beiden Kurvenästen verändern müssen. Abbildung 24 zeigt eine Temperungsmessung für die äußere Spannung $\sigma_a = 10$ kg/mm^2.

Die Abbildungen 25 bis 27 zeigen die Änderungen der Gesamtlinienbreite als Funktion von $|\nu \cdot \sin^2\beta - \cos^2\beta|$ bei verschiedenen äußeren Spannungen σ_a, die nach 50-maligem Umlauf der Hystereseschleife eingetreten sind. Aus der Parallelverschiebung der Geraden geht hervor, daß ähnlich wie bei einer Temperung auch nach mehrmaligem Lastwechsel nur der inhomogene Anteil der Eigenspannungen abnimmt.

Bei den Messungen der Abbildung 27 wurde die Probe, nachdem die Linienbreiten nach 50 Lastwechseln bestimmt worden waren, einer 2-stündigen Temperung bei $200°$C unterworfen. Die anschließend daran gemessenen Linienbreiten (x = Punkte in der Abb.) sind praktisch dieselben wie vor der Temperung. Dies zeigt besonders deutlich, daß durch mehrfachen langsamen Umlauf der Hystereseschleife dieselben inhomogenen Eigenspannungen abgebaut werden wie bei einer Temperung bei niedrigen Temperaturen.

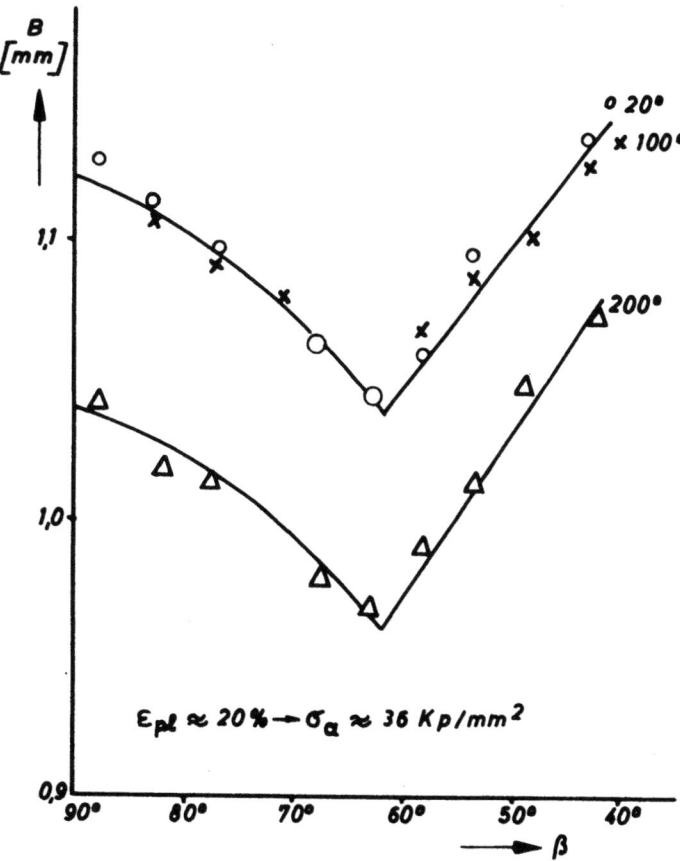

Abbildung 23

Gesamtlinienbreite als Funktion des Einfallswinkels
bei verschiedenen Glühtemperaturen für Ni

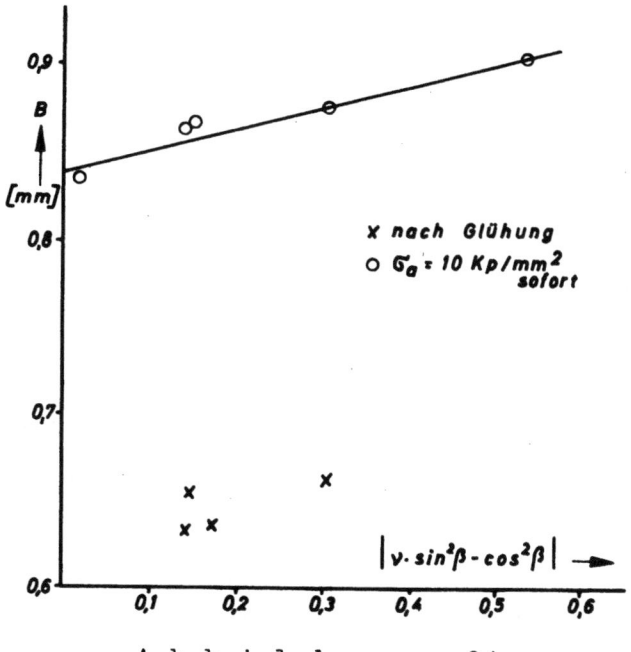

Abbildung 24

Gesamtlinienbreite in Abhängigkeit von $|\nu \cdot sin^2\beta - cos^2\beta|$
für σ_a = 10 $\frac{Kp}{mm^2}$ vor und nach Temperung bei 200°C für Ni

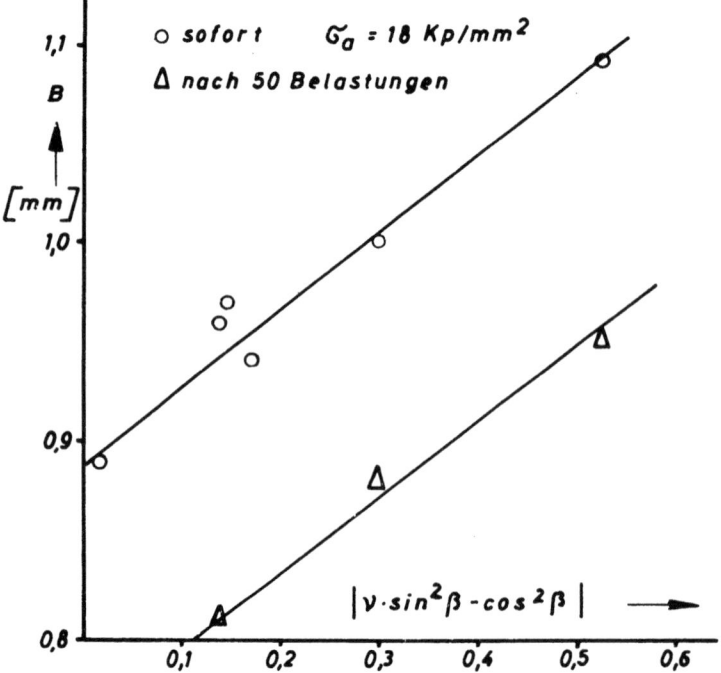

Abbildung 25

Gesamtlinienbreite nach 50 Umläufen für Ni. $\sigma_a = 18 \frac{Kp}{mm^2}$

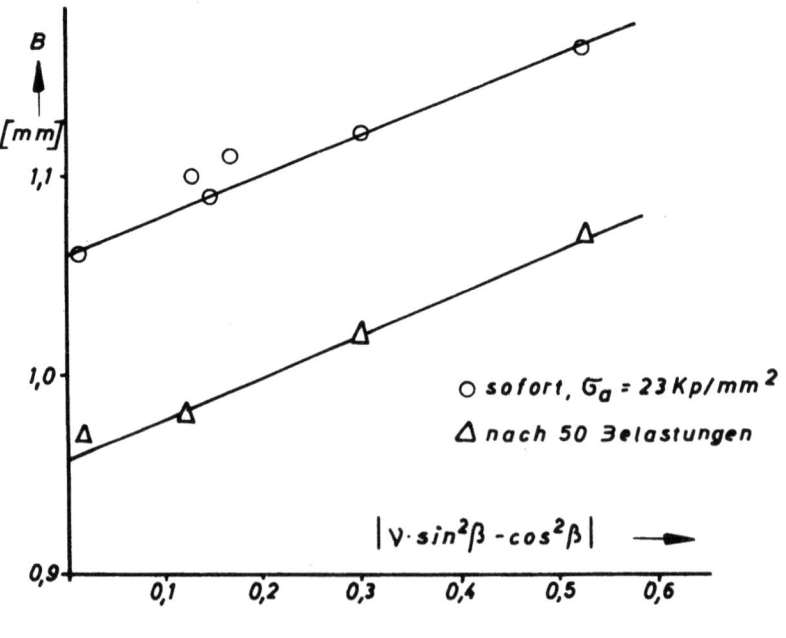

Abbildung 26

Gesamtlinienbreite vor und nach 50 Umläufen für Ni. $\sigma_a = 23 \frac{Kp}{mm^2}$

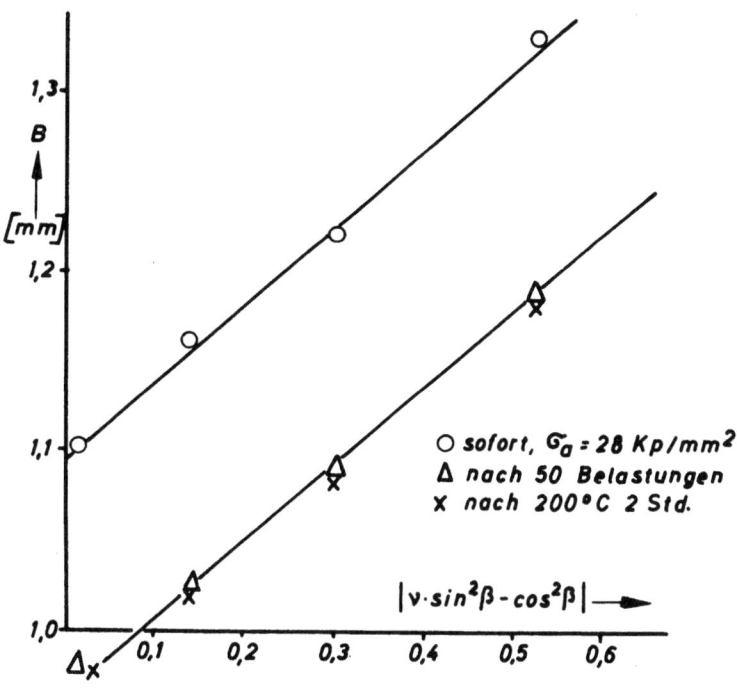

Abbildung 27

Gesamtlinienbreite vor und nach 50 Umläufen für Ni. $\sigma_a = 28 \frac{Kp}{mm^2}$

III. Zusammenfassung

1. Die Hystereseflähe hängt von der Spannungsamplitude (obere Umkehrspannung σ_a) in verschiedener Weise ab, je nachdem, ob bei fester plastischer Dehnung ε_{pl} gemessen wird oder ob die obere Umkehrspannung als Funktion von ε_{pl} wächst.

Im ersten Fall erhält man nach BERLINER [1] ein Gesetz

$$F = C \sigma^4$$

im zweiten Fall

$$F = A + B \cdot \sigma$$

Diese Gerade ändert mit der thermischen Vorbehandlung ihre Verlauf in der Art, daß alle an ein und demselben Material erhaltenen Geraden durch einen gemeinsamen Schnittpunkt σ_k gehen.

2. Die Hystereseflähe nimmt bei konstant gehaltener Spannungsamplitude durch mehrfachen Umlauf der Schleife ab. Die Art der Abnahme ist verschieden, je nachdem, ob die obere Umkehrspannung kleiner oder größer ist als die Schnittpunktsspannung σ_k .

3. Die Hystereseflächle nimmt nach einer Temperung der Probe bei verhältnismäßig niedrigen Temperaturen (ab ca. 200°C) ab.

4. Röntgenographische Untersuchungen zeigen, daß die Verbreiterung der Debeye-Scherrer-Linien die gleiche Gesetzmäßigkeit aufweist, wie die elastische Hysterese. Es wird der Nachweis erbracht, daß die inhomogenen Eigenspannungen 3. Art ursächlich mit der Hysterese verknüpft sind.

Literaturverzeichnis

[1] BERLINER, S. — Ann.d.Phys. 20 (1908), 527

[2] HOWARD, J.V. und S.L. SMITH — Proc.Roy.Soc. London, A 107 (1925) 113

[3] SCHMIDT, W.E. und A.W. MÜLLER — Zt.techn.Phys. 16 (1935), 161

[4] KAPPLER, E. und L. REIMER — Zt.f.angew.Phys. 5 (1953), 401

[5] REIMER, L. — Zt.f.angew.Phys. 6 (1954), 489

[6] REIMER, L. — Dissertation, Münster 1954

[7] FRIE, W. — Diplomarbeit Münster 1956

Teil II
Untersuchungen über das elastische Verhalten metallischer Werkstoffe im Bereich der plastischen Verformung beim Brinellschen Kugeldruckversuch

von Josef VANHEIDEN und Eugen KAPPLER

I. Einleitung

In früheren Untersuchungen zur Härte von metallischen Werkstoffen waren von einem der Verfasser [1] die Hertzschen Formeln, welche die elastische Berührung zweier Körper beschreiben, als Ausgangspunkt genommen worden. Die damals zur Verfügung stehenden Messungen über den Eindruck einer Kugel (Brinellversuch) waren in einem verhältnismäßig kleinen Lastbereich ausgeführt worden (mit einer 3 mm Stahlkugel bis zu ca. 50 kp). Später ausgeführte Messungen [2] über einen größeren Lastbereich ergaben deutliche Abweichungen von den Hertzschen Formeln. In der vorliegenden Untersuchung sollten diese Abweichungen näher untersucht werden mit dem Ziel einer Erweiterung der Hertzschen Formeln, die sich auch zur Beschreibung der elastischen Vorgänge bei tieferen Eindrücken eignen sollten. In dem folgenden Bericht werden als Beispiele Messungen an zwei besonders gut untersuchten Materialien mitgeteilt: Dixistahl und hart gewalztes Elektrolytkupfer. Die verwendeten Lasten erreichten z.T. nahezu die maximal möglichen Werte - wenn die Kugel bis zum Äquator in die Probe einsinkt. Wie sich aus unseren Betrachtungen ergibt, ist es zweckmäßig, auch bei tiefen Eindrücken den Hertzschen Formalismus beizubehalten. Die notwendige Verallgemeinerung besteht einmal in dem Übergang zu anderen Exponenten von der Last und in der Einführung anderer Zahlenfaktoren. Ein wichtiges methodisches Ergebnis der Untersuchung ist die Möglichkeit zur Bestimmung des fraglichen Exponenten aus der elastischen Verformungsarbeit, welche die Kenntnis der ebenfalls unbekannten Zahlenfaktoren nicht voraussetzt.

II. Die Hertzschen Formeln

Für das Problem der Berührung elastischer Körper hat HERTZ 1881 [3] eine Lösung angegeben, die, spezialisiert auf den hier interessierenden Fall, nämlich die Berührung zwischen Kugel und Kugelkalotte, zu den folgenden Formeln führt:

$$(1) \quad a = \left[\frac{3}{16}(\vartheta_0 + \vartheta_1)\right]^{1/3} P^{1/3} \left(\frac{1}{\varrho_0 - \varrho_1}\right)^{1/3}$$

$$(2) \quad \alpha = \left[\frac{3}{16}(\vartheta_0 + \vartheta_1)\right]^{2/3} P^{2/3} (\varrho_0 - \varrho_1)^{1/3}$$

Es bedeuten, wobei der Index 0 die entsprechenden Werte für die Kugel, 1 für die Kalotte anzeigt:

P die Preßkraft, die die beiden Körper zusammendrückt,

$\vartheta = \dfrac{4(1-\mu^2)}{E}$ wo E der Elastizitätsmodul und μ die Poissonsche Querkontraktionszahl bedeuten,

ϱ die Krümmung an der Berührungsstelle,

a den Radius der Berandung der Fläche, die beiden Körpern bei der Berührung gemeinsam ist und die in diesem Spezialfall kreisförmig begrenzt ist,

α die Annäherung solcher Teile der beiden Körper, die so weit von der Berührungsstelle entfernt liegen, daß die elastische Deformation vernachlässigbar klein ist.

Die Voraussetzungen, die HERTZ bei der Herleitung der obigen Formeln machte, sind:

1) elastische Isotropie der beiden Körper,

2) im Vergleich zur Verformungszone unendliche Ausdehnung beider Körper und

3) vollkommen glatte Oberflächen, so daß keine tangentialen Kräfte übertragen werden,

4) die unverformten Oberflächen der beiden Berührungskörper sind Rotationsparaboloide 2. Ordnung.

Den beiden HERTZschen Formeln (1) und (2) kann man als Folgerung entnehmen:

$$(3) \quad a \cdot \alpha = \left[\frac{3}{16}(\vartheta_0 + \vartheta)\right] P \quad \text{und}$$

$$(4) \quad \frac{a^2}{\alpha} = \frac{1}{\varrho_0 - \varrho}$$

Gleichung (3) bedeutet eine Aussage, die von den speziellen Abmessungen der sich berührenden Körper ρ_0 und ρ unabhängig ist. Aus Gleichung (4) läßt sich die Differenz der Krümmungen entnehmen, unabhängig von den elastischen Konstanten.

Beim Brinellversuch (Eindrücken einer harten Kugen in einen plastischen Körper) wird ein plastischer Eindruck erzeugt. Es seien a_{pl} und α_{pl} Radius und Tiefe des plastischen Eindrucks, der durch eine Preßkraft P erzeugt worden ist, a_{el} und α_{ges} seien die entsprechenden Größen während der Belastung. Da ein Teil der Verformung unter der Last P rein elastisch ist, werden nach Entlastung a_{el} und die gesamte Annäherung α_{ges} (plastische und elastische) auf die Werte a_{pl} und α_{pl} zurückgehen. Wie man z.B. durch Berußung der Berührungsfläche feststellen kann, sind a_{el} und a_{pl} nur bei sehr kleinen Eindrücken meßbar verschieden. Wir können also setzen:

(5) $$a_{el} = a_{pl} = a$$

(6) $$\alpha_{el} = \alpha_{ges} - \alpha_{pl}$$

Die Differenz stellt die elastische Rückfederung dar.

Mißt man a_{pl} und α_{el}, so können die HERTZschen Formeln zur Beschreibung der elastischen Vorgänge im Brinellversuch herangezogen werden. Es ist zu vermuten, daß dies nur für hinreichend kleine Eindrücke erlaubt ist, sofern nämlich die Profilkurve der Kugeln und des plastischen Eindrucks innerhalb der Berührungsfläche entsprechend der HERTZschen Voraussetzungen durch Paraboloide 2. Ordnung angenähert darstellbar sind.

Diese Prüfung der Anwendbarkeit der HERTZschen Formeln geschieht so. Es wird folgende zum Prüfkugeläquator symmetrische Anordnung benutzt (s. Abb. 1). Die Prüfkugel K liegt zwischen zwei Proben aus gleichem Material mit ebenen, polierten Oberflächen. Die Last P verursacht eine Veränderung des gegenseitigen Abstandes der beiden Proben um den Betrag $2\alpha_{ges}$. Nach Entlastung vergrößert sich der Abstand um $2\alpha_{el}$. Aus der Differenz ergibt sich $2\alpha_{pl} = 2\alpha_{ges} - 2\alpha_{el}$. Abbildung 1 zeigt schematisch diesen Endzustand nach Fortnahme der Last P, der mit P bezeichnete Pfeil zeigt die Richtung der aufgewendeten Prüfkraft an.

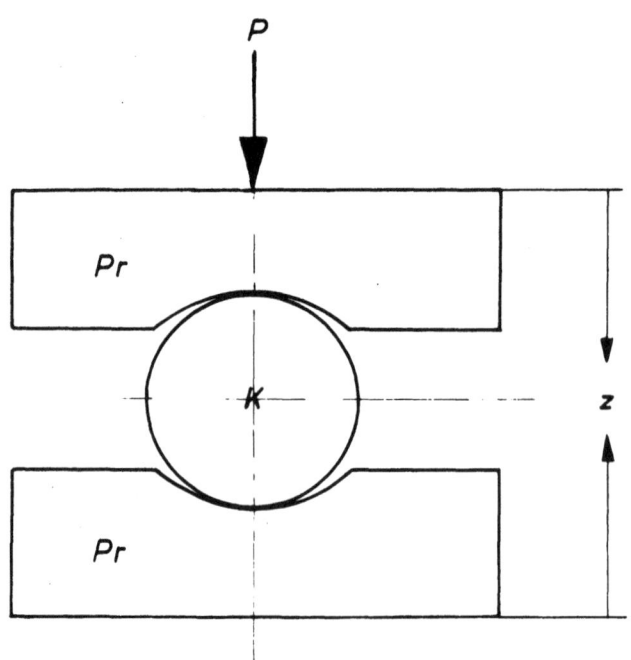

Abbildung 1
Schema der Meßanordnung

Nach Gleichung (3) sollte $a \cdot \alpha_{el}$ unabhängig vom Kugeldurchmesser proportional P sein mit $[\frac{3}{16}(\vartheta_0+\vartheta_1)]$ als Proportionalitätsfaktor.

Die Größe $Z = \frac{1}{\varsigma_0 - \varsigma}$ läßt sich auf folgende 4 verschiedene Weisen berechnen.

Aus Gleichung (4) $\quad Z = \frac{a^2}{\alpha_{el}}$ \hfill (4a) $\quad Z^* = \frac{a^{*2}}{\alpha_{el}^*}$

Aus Gleichung (1) $\quad Z = \frac{a^3}{[\frac{3}{16}(\vartheta_0+\vartheta)]P}$ \hfill (1a) $\quad Z^* = \frac{a^{*3}}{[\frac{3}{16}(\vartheta_0+\vartheta)]y^{*2}}$

Aus Gleichung (2) $\quad Z = \frac{[\frac{3}{16}(\vartheta_0+\vartheta)]^2 P^2}{\alpha_{el}^3}$ \hfill (2a) $\quad Z^* = \frac{[\frac{3}{16}(\vartheta_0+\vartheta)]^2 y^{*4}}{\alpha_{el}^{*3}}$

Unter der Annahme, daß der plastische Eindruck ebenfalls Kugelgestalt hat, ergibt sich:

(7) $\quad Z = \dfrac{1}{\varsigma_0 - \dfrac{2\alpha_{pl}}{a^2+\alpha_{pl}^2}}$ \hfill (7a) $\quad Z^* = \dfrac{1}{1 - \dfrac{2\alpha_{pl} \, v_0}{a^2+\alpha_{pl}^2}}$

Bei Gültigkeit der HERTZschen Formeln müßten mindestens die 3 erstgenannten Berechnungen dieselben Werte für z ergeben.

Man kann versuchen, die Abhängigkeit der z-Werte von der Kugelkrümmung ς_0 entsprechend dem Meyerschen Ähnlichkeitsgesetz zu eliminieren,

in dem man reduzierte Größen einführt, die folgendermaßen definiert
sind:

$$a^* = \frac{a}{r_0} \; ; \; \alpha^* = \frac{\alpha}{r_0} \; ; \; z^* = \frac{z}{r_0} \quad \text{und} \quad y^* = \frac{\sqrt{P}}{r_0}$$

Die HERTZschen Formeln lauten dann:

(1a) $$a^* = \left[\frac{3}{16}(\vartheta_0 + \vartheta)\right]^{1/3} y^{*\,2/3} z^{*\,1/3}$$

(2a) $$\alpha_{el}^* = \left[\frac{3}{16}(\vartheta_0 + \vartheta)\right]^{2/3} y^{*\,4/3} z^{*\,-1/3}$$

Die entsprechenden Formeln für z^* sind unter (a), (1a), (2a) und (7a)
angegeben. Die Zweckmäßigkeit der Einführung reduzierter Größen zeigt
sich z.B. bei der "Meyerhärte" $H_M = \frac{P}{\pi a^2} = \frac{y^{*2}}{\pi a^{*2}}$, die nach den Abbildungen 2 und 3 eine für alle Kugeln einheitliche Kurve ergibt,
wenn man sie an Stelle über P (Abb. 2) über (Abb. 3) aufträgt.

III. Die Apparatur

Die Preßkraft P wird mit einer ölhydraulischen Presse erzeugt
(s. Abb. 4)

Im Unterteil U, gleichzeitig der Träger der Gesamtapparatur, ist der
Ölvorrat aus dem mit einer Handpumpe das Druckmittel unter den Pressenkolben gedrückt wird. Das Kolbenverhältnis gestattet, ohne merkbaren
Kraftaufwand am Pumpenhebel 30 Mp zu erzeugen. Das bedingt natürlich,
daß der einzelne Förderpumpenhub nur minimale Verschiebungen (1/50 mm)
des Pressenkolbens bewirkt, was sehr günstig ist, da somit auch kleinste Verschiebungen bequem erzeugt werden können.

Gefordert war ferner von der Presse, daß der Kolben in der erreichten
Lage stehen bleiben soll, d.h., im Ölsystem dürfen keinerlei Leckagen
auftreten. Zu diesem Zweck ist der Kolben so stark abgedichtet, daß
erhebliche Reibungskräfte auftreten, so daß die Kraftmessung nicht
über den Öldruck erfolgen kann.

Als Gegenlager für die Preßkraft ist auf dem Pressenunterteil konzentrisch zur Kolbenfläche ein Oberteil O aufgeschraubt, das auf 3 kräftigen Säulen S eine Platte Pl mit Spindel Sp trägt. Die eigentliche Meßapparatur wird zwischen Kolben und Spindel eingesetzt.

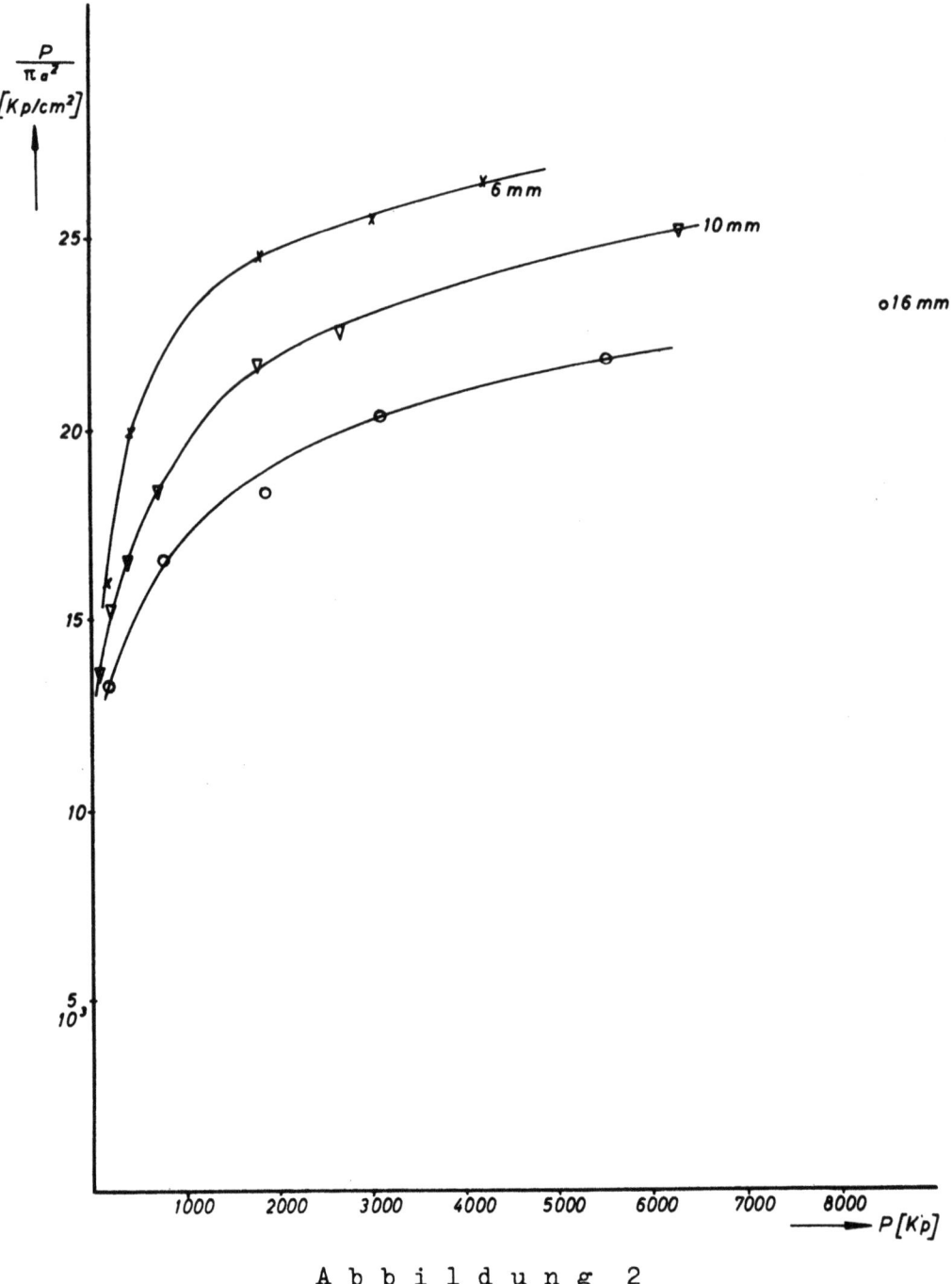

Abbildung 2

Meyerhärte $H_M = \dfrac{P}{\pi a^2}$ als Funktion der Last P

Einen Querschnitt durch die Belastungsapparatur zeigt Abbildung 5. Auf dem Kolben ruht, zu diesem und der Spindel zentriert ein zylindrischer Flachkörper Fl aus Stahl mit 3 Sacklöchern, die um das Zentrum als Mittelpunkt ein gleichseitiges Dreieck bilden.

In diesen 3 Bohrungen liegen 3 Kugeln K_1 von 25 mm ∅, die ihrerseits in einer dünnen Platte mit sehr geringerm Spiel geführt sind. Auf

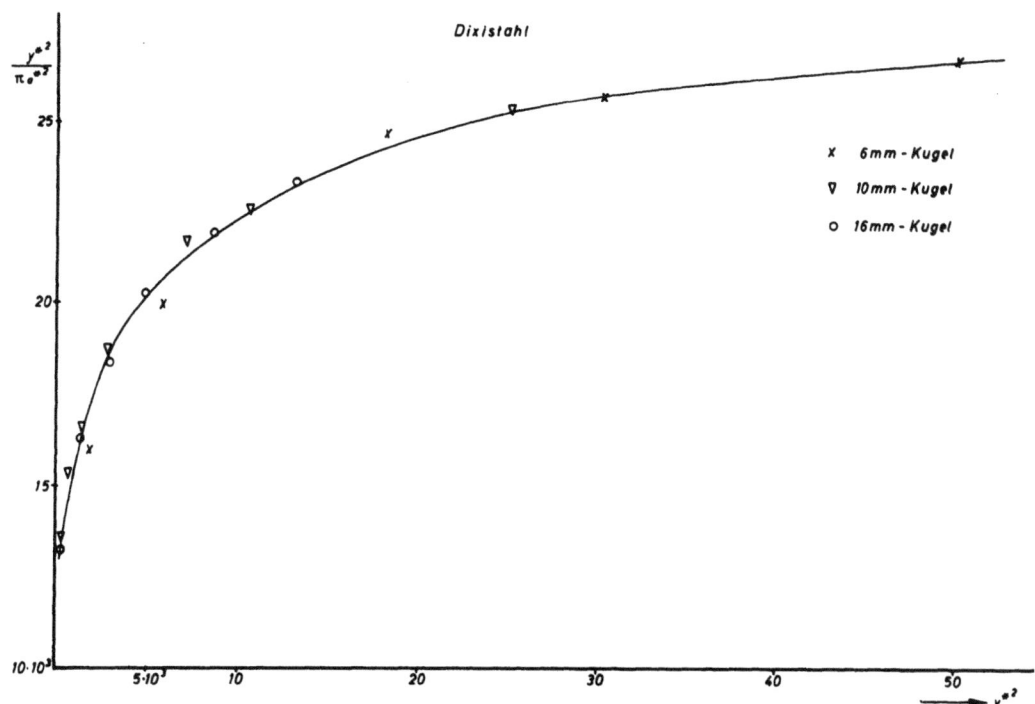

Abbildung 3

Meyerhärte $H = \dfrac{y^{*2}}{\pi a^{*2}}$ als Funktion der reduzierten Last y^{*2}.

Abbildung 4

Die Apparatur

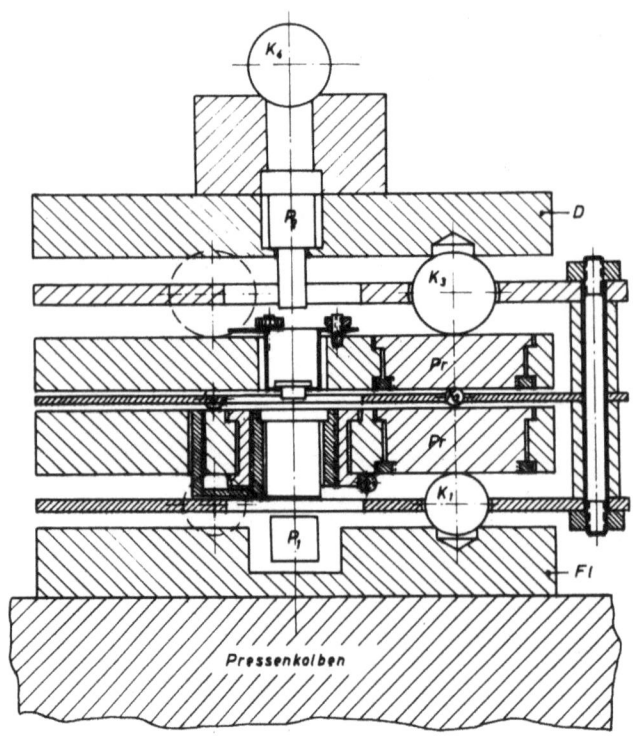

A b b i l d u n g 5
Querschnitt durch die Belastungsapparatur

diesen Kugeln liegen je eine Probe Pr aus dem zu untersuchenden Probenmaterial. Die Proben sind mit Bund und Mutter im unteren Probenträger aus Stahl eingesetzt.

Auf der Probenoberfläche ruhen, gegenüber den unteren Kugeln durch einen Kugelkäfig zentriert, die Meßkugeln K_2 (Kugellagerstahl), auf diesen wiederum ein oberer Probenhalter mit einem weiteren Satz aus 3 Proben, auf diesen, wieder durch einen Kugelkäfig geführt, Kugeln K_3 von 30 mm ⌀. Endlich sitzt auf diesen Kugeln mit Sackbohrungen die stählerne Deckplatte D auf. Die Kraftübertragung schließlich erfolgt über die oberste zentrale Kugel K_4 von 30 mm ⌀. Zwischen diese und die Unterfläche der Spindel ist noch ein Kraftmeßring M eingeschaltet, der, geeicht vom Materialprüfungsamt in Dortmund, eine Kraftmessung auf 1 °/oo gestattet.

Zur Verfügung standen:

1	Kraftmeßring	bis	500 Kp	Endlast
1	"	bis	5 000 Kp	"
1	"	bis	30 000 Kp	"

Die Prüfkugelkäfige sind auswechselbar für Prüfkugeln von 6 mm, 10 mm und 16 mm ⌀.

Infolge der achsensymmetrischen Anordnung verteilt sich die Kraft gleichmäßig auf die drei Meßstellen, so daß jede mit 1/3 der Gesamtkraft belastet wird. Die Verschiebung unter dem Einfluß der Kraft wird mit einem im Zentrum der Apparatur angebrachten Interferometer gemessen.

In Abbildung 5 ist unten in der Aussparung der Platte Fl die Stirnfläche des Eintrittsprismas P_1 im unteren Probenhalter die untere Interferometerplatte mit Verschiebungsmechanismus (Schnecke - Schneckenrad - Schraube), im oberen Probenhalter die obere Interferometerplatte mit Neigungshalterung (drei Druckschrauben) und in der Deckplatte die Stirnseite des Austrittsprimas P_2 zu erkennen.

Das Schema des Strahlenganges zeigt Abbildung 6.

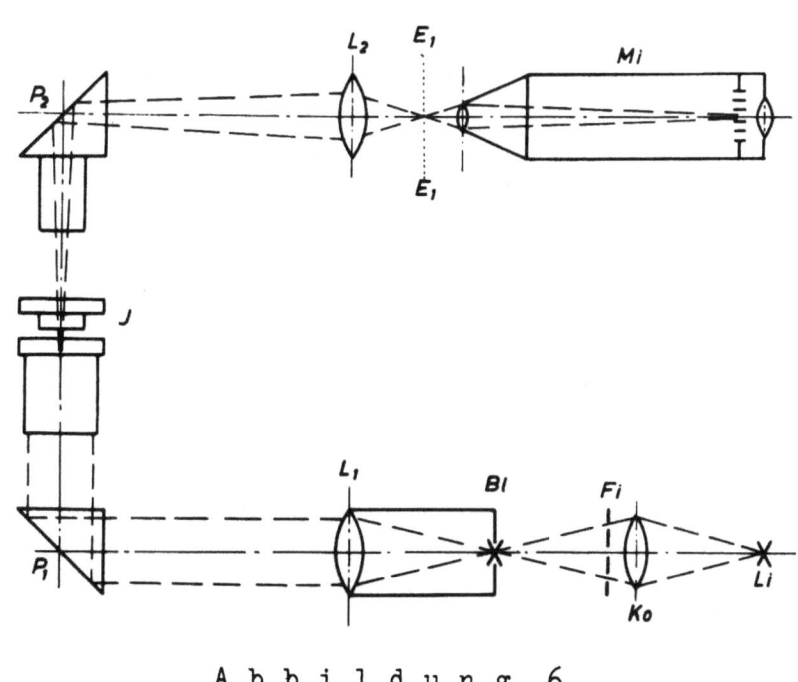

Abbildung 6
Strahlengang

Die Lichtquelle Li, eine Hg-Hochdruckbrenner HQA 300, wird mit einem Kondensor Ko unter Zwischenschaltung eines Filters Fi, das nur die gelben Linien 5770, 5791 und die grüne 5461 Å durchläßt, auf die Lochblende Bl abgebildet. Das von der Kollimatorlinse L_1 erzeugt Parallellichtbündel durchsetzt, vom Eintrittsprisma P_1 um 90° umgelenkt, das Interferometer J.

Die beiden gegenüberliegenden Flächen des Interferometers sind bis zu einem Reflexionsvermögen von 70 % mit Aluminium bedampft, um Mehrstrahlinterferenzen mit scharfen Maxima zu erhalten. Nach Durchsetzen des Interferometers wird das Licht durch das obere Prisma P_2 aus der Apparatur ausgelenkt und der abbildenden Optik zugeführt. Das Objektiv L_2 Schneider Xenon 8,5 cm, 1:2) entwirft in der Ebene E_1 E_1 ein Bild der auf der unteren Interferometerplatte aufgebrachten Teilung. Auf dieses Zwischenbild ist das Mikroskop Mi scharfgestellt, so daß im Gesichtsfeld des Mikroskops ein Bild der Oberfläche der unteren Interferometerplatte entsteht.

Bei geeigneter Einstellung des Interferometers entsteht hier auch ein scharfes Bild der Keilinterferenzen.

Dann und nur dann sind sowohl die Teilung auf der unteren Platte als auch die Keilinterferenzen in der gleichen Ebene scharf abgebildet, wenn das einfallende Parallellichtbündel senkrecht auf die obere Interferometerplatte fällt. Unter dieser Bedingung entspricht aber auch die Verschiebung des Interferenzbildes um eine Streifenbreite einer Abstandsänderung der Platten um $\lambda/2$.

Mit Hilfe der Teilung auf der unteren Interferometerplatte kann man also stets feststellen, ob senkrechter Lichteinfall vorliegt.

Der Schnittpunkt der beiden senkrechten Teilungen liefert ferner eine Marke, mit deren Hilfe die mit einer Abstandsänderung verbundene Streifenverschiebung gemessen werden kann. Man kann die vorbeiwandernden Streifen zählen und aus dieser Zahl auf die Abstandsänderung schließen. Man kann ferner unabhängig von irgendwelchen Abstandsänderungen in dem abbildenden System die jeweilige Vergrößerung dieses Systems durch Vergleich der Teilung auf der unteren Platte mit dem Okularmikrometer des Mikroskops ermitteln. Mit dieser Einrichtung lassen sich durch Beobachten des Interferenzbildes alle gegenseitigen Lageänderungen der Interferometerplatten messen, mit einer absoluten Genauigkeit von der Größenordnung der verwendeten Wellenlänge.

Wegen der Verspiegelung der Interferometerplatten treten bei nicht zu großen gegenseitigem Abstand Mehrstrahl-Interferenzen auf, also sehr scharf definierte Maxima, so daß 1/10 Streifenabstand noch schätzbar ist (bei 2 mm Plattenabstand und einer Neigung, so daß Streifenabstände von ca. 1 mm vorliegen, liefert der Öffnungsverhältnis der abbildenden Optik 12-Strahl-Interferenzen. In der näheren Umgebung dieser Einstellung wurde die Apparatur benutzt).

Wie aus Abbildung 5 ersichtlich ist, sind die Interferometerplatten starr mit den beiden Probenträgern und damit mit den Proben verbunden. Die interferometrisch gemessene Abstandsänderung der Interferometerplatten bei Belastung der Apparatur ist also auch die Abstandsänderung der Proben und damit 2α.

Bei ungleichem Verhalten der 6 eingesetzten Proben wird sich nicht nur der Abstand der Interferometerplatten, sondern auch ihre gegenseitige Neigung ändern. Auch diese Drehung des Streifensystems gestattet die Apparatur zu messen; doch sind merkbare Neigungsänderungen bei allen bisher vermessenen Materialien nicht aufgetreten. In einem solchen Falle würde die Annäherung der Mitte der arithmetische Mittelwert aus 6 Probeneinsenkungen sein, und die Neigungsänderung gäbe einen Wert für die maximale Streuung.

Eine Messung erfolgt so:

Nach Zusammenbau der Apparatur wird das Interferometer auf geeigneten Abstand und Neigung so eingestellt, daß

a) senkrechter Lichteinfall
b) optimale Vielstrahl-Interferenzen
c) geeigneter Streifenabstand

vorliegen.

Dann wird durch Betätigen des Pumpenhebels die Apparatur belastet und dabei ständig das Interferometer beobachtet. Die Streifen bewegen sich dabei durch das Gesichtsfeld, und man zählt die am Zentrum vorbeiwandernden Streifen.

Nach Erreichen einer bestimmten Streifenzahl wird solange weitergepumpt, bis ein zweiter Beobachter keine weitere Variation am Kraftmesser bemerkt, und auch der erste Beobachter ein stehendes Interferenzbild erhält. Diese beiden Kriterien bestimmen den stationären Fall, d.h., alle Fließvorgänge sind abgeklungen. Das nun vorliegende Wertepaar aus

Last P und Anzahl vorbeigewanderter Streifen wird protokolliert. So wird Schritt für Schritt weiter fortgefahren, bis die gewünschte Endlast erreicht ist.

Nach Erreichen der Endlast wird die Apparatur über ein Nadelventil so langsam und ebenfalls schrittweise entlastet, so daß viele Wertpaare von Last und Streifenzahl für die Entlastungskurve protokolliert werden können.

Die interferometrische Messung liefert beim Belasten nach Multiplikation mit $\lambda/4$ α_{ges}, beim Entlasten α_{el}. Die Differenz aus beiden ist α_{pl}. Durch Verdrehen der Probenträger gegen die Kugelkäfige kann man nacheinander in einem Probensatz mehrere (6 - 8) Eindrücke erzeugen, ohne die Apparatur auseinandernehmen zu müssen.

Ist eine solche Reihe von Eindrücken erzeugt und wie oben geschildert vermessen, werden die Proben aus den Probenhaltern entfernt und die Eindruckdurchmesser unter einem Komparator vermessen.

Für einunddieselbe Last liegen jeweils 6 Eindrücke vor, so daß man wiederum einen Mittelwert aus 6 Eindrücken bestimmen kann. Die elastische Verformungsarbeit $A_{el} = \int_0^{\alpha_{el}} P \, d\alpha_{el}$ erhält man durch Planimetrieren der Entlastungskurve ($\alpha_{el}(P)$).

IV. Prüfung der HERTZschen Formeln

Mit der beschriebenen Apparatur wurden Proben aus Dixistahl und kalt gewalztem Kupfer vermessen. Abbildung 7 zeigt den Verlauf von $a \cdot \alpha_{el}$ in Abhängigkeit von P. Das Diagramm veranschaulicht, daß diese Funktion zwar unabhängig vom Prüfkugelradius jedoch nicht linear ist, wie nach den Formeln zu erwarten wäre. Immerhin hat die Anfangstangente die sich aus den HERTZschen Formeln ergebende Steigung [$\frac{3}{16}(\vartheta_0 + \vartheta)$].

Die vier Berechnungen von z^* aus den Gleichungen (4a), (1a), (2a) und (7a) führen zu vier verschiedenen Kurven. Außerdem ist die Reduzierbarkeit des aus α_{el} berechneten z nicht erfüllt. Selbstverständlich münden alle diese Funktionen bei $y^* = 0$ in $z^* = 1$ ein (s. Abb. 8, welche die Ergebnisse für Dixistahl enthält. Für Kupfer ergibt sich prinzipiell dasselbe). Aus diesen Ergebnissen sind folgende Schlüsse zu ziehen:

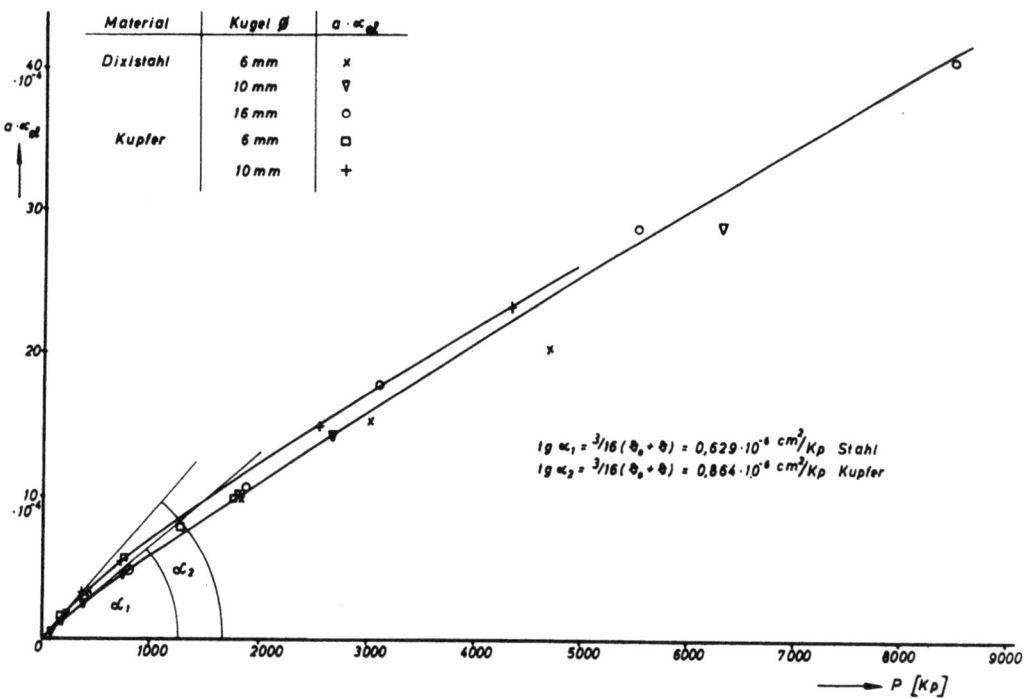

Abbildung 7

$a \cdot \alpha_{el}$ als Funktion von P

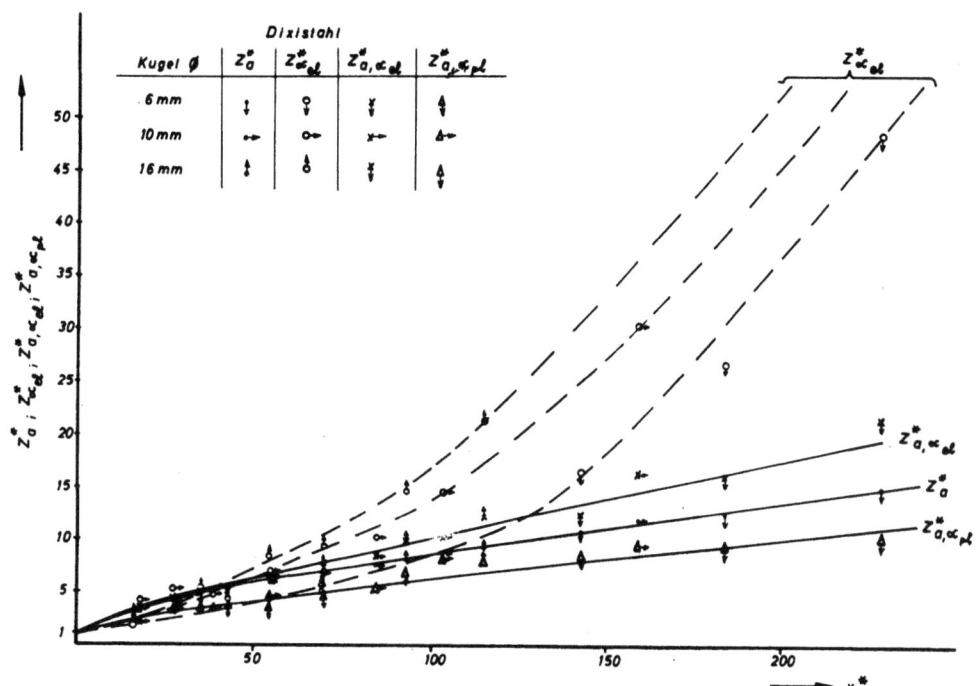

Abbildung 8

z^* aus $a_i \alpha_{el}$; $\frac{a^2}{\alpha_{el}}$ und a, α_{pl} in Abhängigkeit von y^*

1) Die HERTZschen Formeln sind für den Brinellversuch nicht gültig.

2) Auf Grund der Tatsache, daß die Anfangstangente an die Kurve $a \cdot \alpha_{el}(P)$ mit dem HERTZschen Wert $[\frac{3}{16}(\vartheta_0 + \vartheta)]$ übereinstimmt, ist zu vermuten, daß die HERTZschen Formeln für kleine Lasten gültig sind.

Im folgenden wird versucht, eine für den Brinellversuch gültige Beschreibung des elastischen Verhaltens zu geben. Zu diesem Zweck ist zu überlegen, in welcher Weise beim Brinellversuch die auf Seite 34 zusammengestellten HERTZschen Voraussetzungen verletzt sind.

1) Die elastische Isotropie beider Körper dürfte für die Prüfkugel erfüllt sein und ebenfalls für die Proben, falls sie feinkörnig, polykristallin und texturfrei sind.

2) Die Voraussetzung unendlich ausgedehnter Körper im Vergleich zur Berührungszone, läßt sich für die Proben durch entsprechende Dimensionierung erfüllen, doch ist sie bei großen Eindrücken für die Prüfkugel nicht erfüllt. Man kann jedoch zeigen, daß eine zum Kugeläquator symmetrische Anordnung von zwei gleichen Proben, wie sie im vorliegenden Fall verwendet wurde, einer unendlichen Fortsetzung äquivalent ist [4].

3) Die Voraussetzung der Abwesenheit von Reibungskräften zwischen den Oberflächen kann durch gute Politur der beiden Oberflächen weitgehend erfüllt werden.

4) Die Voraussetzung paraboloidisch von 2. Ordnung gekrümmter Oberflächen ist mit Sicherheit bei großen Eindrücken verletzt.

Diese Verletzung der Voraussetzung 4) dürfte die stärksten Abweichungen von den HERTZschen Formeln verursachen. Es entsteht nun die Frage, welche Modifikation die HERTZschen Formeln erfahren müssen, um sie an eine Verletzung der Voraussetzung 4), (wir wollen sie die Geometriebedingung nennen), anzupassen.

V. Verallgemeinerung der HERTZschen Formeln

Zu diesem Problem liegt eine Arbeit von G. SCHUBERT [5] vor. Er berechnet für starre achsensymmetrische Druckkörper verschiedener Oberflächenprofile die Druckverteilung und Druckfigurberandung, wenn dieser Druckkörper auf elastische ebene Unterlagen aufgesetzt wird.

Für Rotationsparaboloide der geraden Ordnung n ergibt sich für den Radius a des Berührungskreises:

$$a = \left[f_n \vartheta\right]^{\frac{1}{n+1}} P^{\frac{1}{n+1}} \left(\frac{1}{nA}\right)^{1-\frac{2}{n+1}}$$

wobei $f_2 = \frac{3}{16}$ (HERTZ) $f_4 = \frac{15}{64}$ und $f_6 = \frac{35}{128}$ ist; A ist der Parameter der erzeugenden Parabel $y = Ax^n$. Da der Druckörper als unendlich starr ($\vartheta_0 = 0$) vorausgesetzt ist, reduziert sich $\vartheta_0 + \vartheta$ auf ϑ.

Aus diesen Berechnungen läßt sich folgendes entnehmen. Der Radius a der Berührungsfläche läßt sich wie bei HERTZ als Potenzfunktion von P darstellen, wobei aber der Exponent, der Zahlenfaktor vor ϑ, sowie der Geometrieparameter z von der Ordnung n des Druckkörpers abhängen.

Es liegt nach den SCHUBERTschen Ergebnissen nahe, für den Brinellversuch folgende Verallgemeinerung der HERTZschen Formeln zu versuchen:

(1b) $$a = \left[f_a (\vartheta_0 + \vartheta)\right]^m P^m z^{1-2m}$$

und

(2b) $$\alpha_{el} = \left[f_\alpha (\vartheta_0 + \vartheta)\right]^n P^n z^{1-2n}$$

Es entsteht nun das Problem, auf welche Weise die durch diesen Ansatz frei gegebenen Parameter f_a, f_α, m und n bestimmt werden können und was für z einzusetzen ist.

1. Die Bestimmung von n

Wie im folgenden gezeigt werden soll, läßt sich n durch Messung der elastischen Verformungsarbeit A_{el}, wie sie in dem Abschnitt III beschrieben wurde, bestimmen unabhängig von der Kenntnis der übrigen Konstanten.

Die Formel (2b) ergibt für $\int_0^{\alpha_{el\,max}} P\,d\alpha_{el} = A_{el} = \left[f_\alpha(\vartheta_0+\vartheta)\right]^n z^{1-2n} \frac{n}{n+1} P_{max}^{n+1}$

Bildet man nun $\dfrac{A_{el}}{P_{max}\,\alpha_{el\,max}}$, so folgt

(8) $$\frac{A_{el}}{P_{max}\,\alpha_{el\,max}} = \frac{n}{n+1} = K \qquad \text{und} \qquad n = \frac{K}{1-K}$$

An dieser Stelle muß darauf hingewiesen werden, daß die Definition von n durch den Ausdruck $\int_0^{\alpha_{el\,max}} \dfrac{P\,d\alpha_{el}}{P_{max}\,\alpha_{el\,max}}$ nach Gleichung (8) bedeutet, daß n eine Funktion der oberen Integrationsgrenze $\alpha_{el\,max}$ und damit implizite von P_{max} ist.

P_{max} ist aber die Kraft, der die elastischen Spannungen in der Probe das Gleichgewicht halten. Wird P_{max} überschritten, so übersteigen die elastischen Spannungen in der Probe die Fließgrenze, d.h., der plastische Eindruck wird vergrößert. Plastische Vorgänge bedeuten aber eine Veränderung der Geometrie und damit der Größe z.

Weiterhin ist bei der Integration der Gleichung (2b) stillschweigend vorausgesetzt, daß der Exponent n von P = 0 bis P = P_{max} konstant bleibt, eine Voraussetzung, die noch zu prüfen ist. Fall diese Voraussetzung erfüllt ist, muß der Ausdruck

$$\frac{\int_0^{\alpha_{el}} P\,d\alpha_{el}}{P\alpha_{el}}$$

unabhängig von der oberen Integrationsgrenze sein, sofern sie $< \alpha_{el\,max}$ ist. Zeigt sich bei der Auswertung solcher Teilintegrale (mit der oberen Grenze $\alpha_{el} < \alpha_{el\,max}$), daß k und damit n nur eine Funktion von P_{max} ist, dann ist die erwähnte Voraussetzung gerechtfertigt.

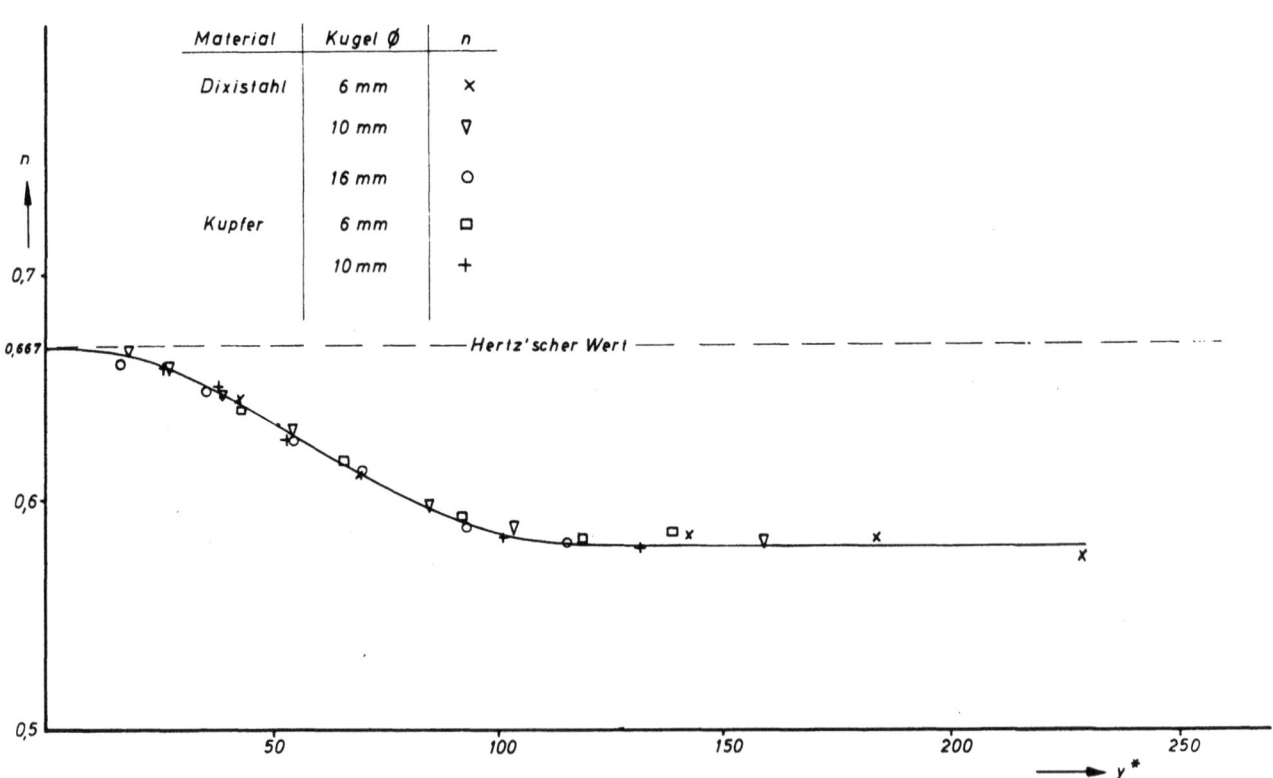

Abbildung 9

n als Funktion der reduzierten Endlast y^*_{max}

Die Ergebnisse dieser Auswertungen zeigt Abbildung 9. In Abbildung 9 ist der Verlauf des Exponenten n in Abhängigkeit von y^*_{max} dargestellt. Es zeigt sich, daß der HERTZsche Exponent $\frac{2}{3}$ = 0,667 als Grenzfall für kleine Lasten erreicht wird. Mit steigender Last wird n kleiner, um dem konstanten Endwert 0,585 zuzustreben. In Abbildung 10 ist der für eine bestimmte Endlast P_{max} aus Teilintegralen (obere Integrationsgrenze $\alpha_{el} < \alpha_{el\,max}$) ermittelte Exponent n über $\frac{\alpha_{el}}{\alpha_{el\,max}}$ aufgetragen. Beim Abszissenwert 1 muß definitionsgemäß das gleiche n vorliegen, wie beim Integral bis $\alpha_{el\,max}$ von Abbildung 9.

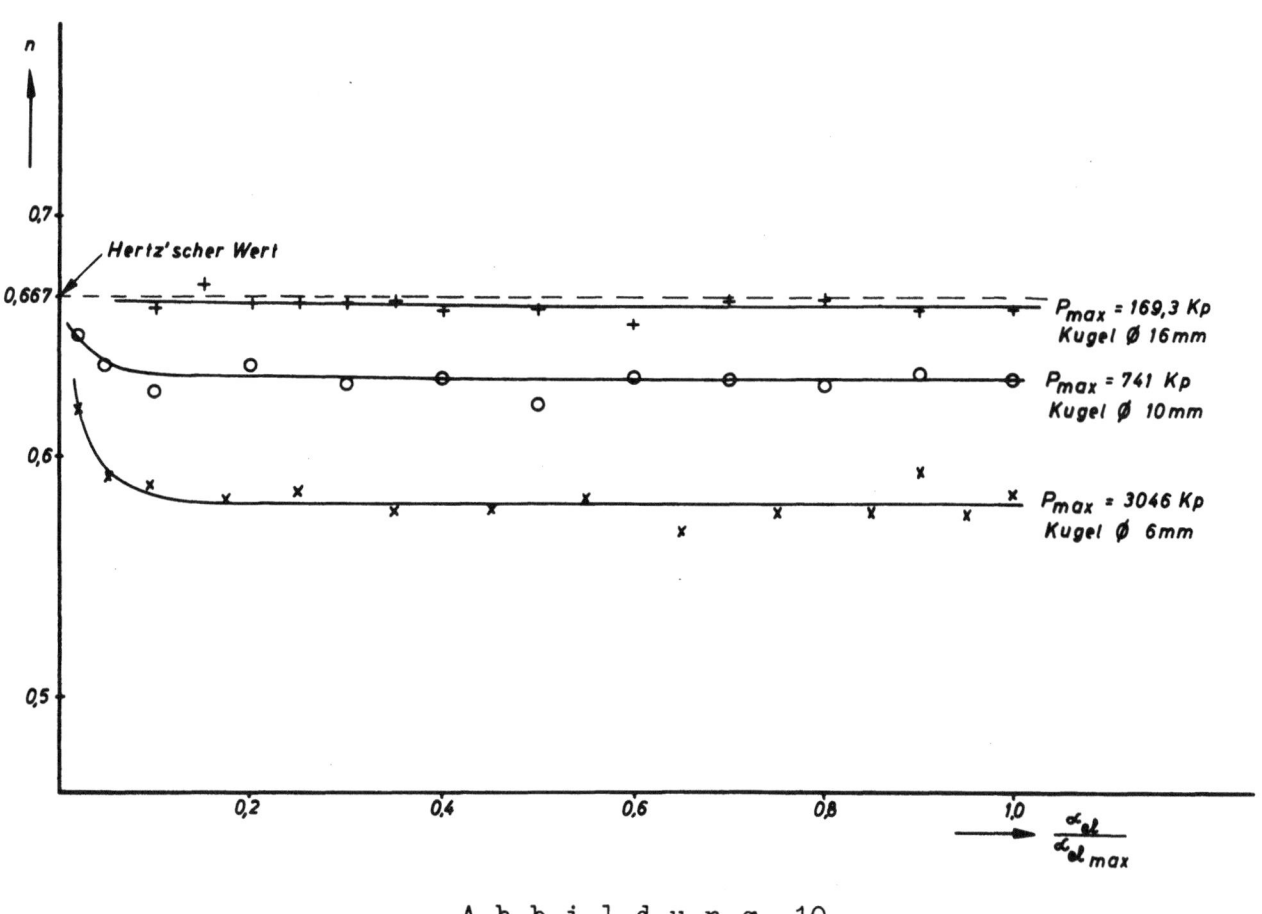

Abbildung 10
n als Funktion von $\frac{\alpha_{el}}{\alpha_{el\,max}}$

Man sieht, daß n tatsächlich weitgehend unabhängig von $\frac{\alpha_{el}}{\alpha_{el\,max}}$ ist. Nur bei sehr kleinen Werten von $\frac{\alpha_{el}}{\alpha_{el\,max}}$, und zwar kleiner als 0,05 ändert sich n und scheint bei $\frac{\alpha_{el}}{\alpha_{el\,max}} \doteq 0$ den HERTZschen Wert $\frac{2}{3}$ anzunehmen. Weil diese Änderung von n sich auf einen sehr kleinen Anfangsteil des Lastbereiches konzentriert, ist der Beitrag dieses Bereiches zum Gesamtintegral A_{el} und damit der dadurch bedingte Fehler in der Bestimmung von n vernachlässigbar klein.

2. Bestimmung von z

z soll eine Größe sein, die als Parameter der Ausgangsgeometrie der beiden Berührungskörper in die Gleichung (2b) eingesetzt werden kann. Aus Gleichung (2b) entnimmt man, daß die Dimension von z eine Länge sein muß.

Für unser Problem: Prüfkugel vom Radius r_o in Kugelschale vom Radius r[1], liegt es nahe, folgende Definition von z einzuführen:

$$z = \frac{1}{\frac{1}{r_o} - \frac{1}{r}} = \frac{r_o \, r}{r - r_o} \; ;$$

also die gleiche Definition wie bei HERTZ, nur daß HERTZ unter r_o und r die Radien der Schmiegungskugeln an die sich berührenden Rotationsparaboloide verstand.

Dieses so definierte z läßt sich aus den Meßwerten a und α_{pl} nach Gleichung (7) berechnen. Die daraus berechneten reduzierten Werte sind in Abbildung 8 als Funktion der reduzierten Last mit dargestellt.

3. Bestimmung von f_α

Setzt man den im vorigen Abschnitt eingeführten -Wert für z und den aus Abschnitt V 1. gemessenen Exponenten n in (2b) ein, dann ist (2b) eine Bestimmungsgleichung für f_α (ϑ_0 und ϑ kann man aus Tabellen entnehmen).

Abbildung 11 zeigt den Verlauf des so berechneten f_α mit y^*_{max}. Wenn unsere Definition von z vernünftig sein soll, dann muß f_α bei der Entlastungskurve (für konstantes z und konstantes n) von P unabhängig sein. Abbildung 12 zeigt, daß dieses erfüllt ist, bis auf den Anfangsbereich, wo auch nach Abschnitt 1 n mit P sich ändert. Wir erhalten so das Ergebnis, daß die Parameter in der Gleichung (2b) (f_α und n) nur Funktionen von P_{max} sind, und daß für sehr kleine P_{max} die Parameter f_α und n in die HERTZschen Werte $f_\alpha = \frac{3}{16}$; $n = \frac{2}{3}$ und damit die Gleichung (2b) in die Gleichung (2) übergehen.

---

[1] Die Ausmessung der Profilkurven der Eindrücke bei früheren Versuchen ergab in der Tat nur sehr kleine Abweichungen von der Kugelgestalt

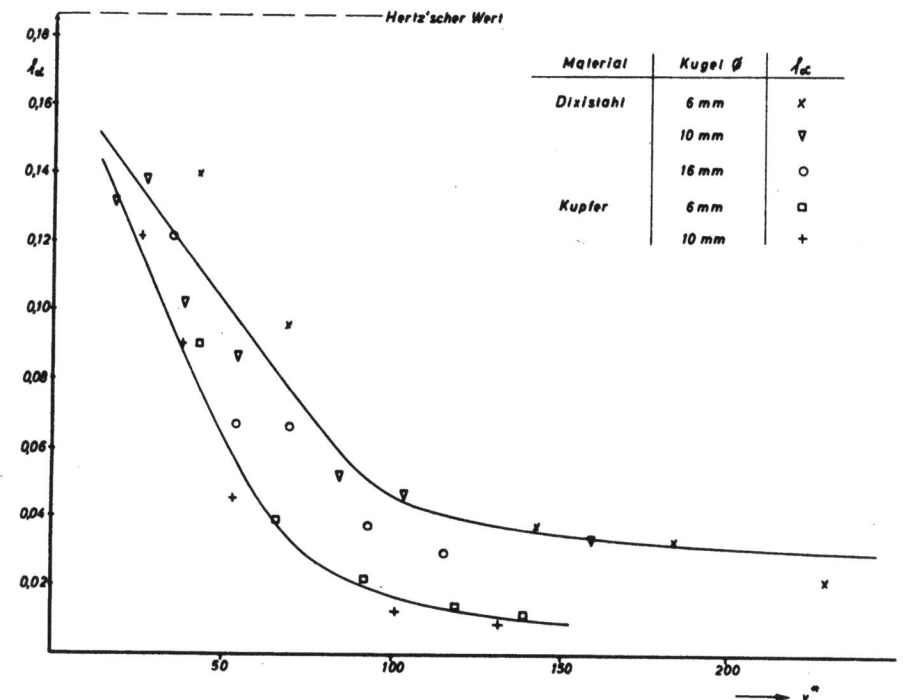

Abbildung 11

f_α als Funktion der reduzierten Endlast y^*_{max}

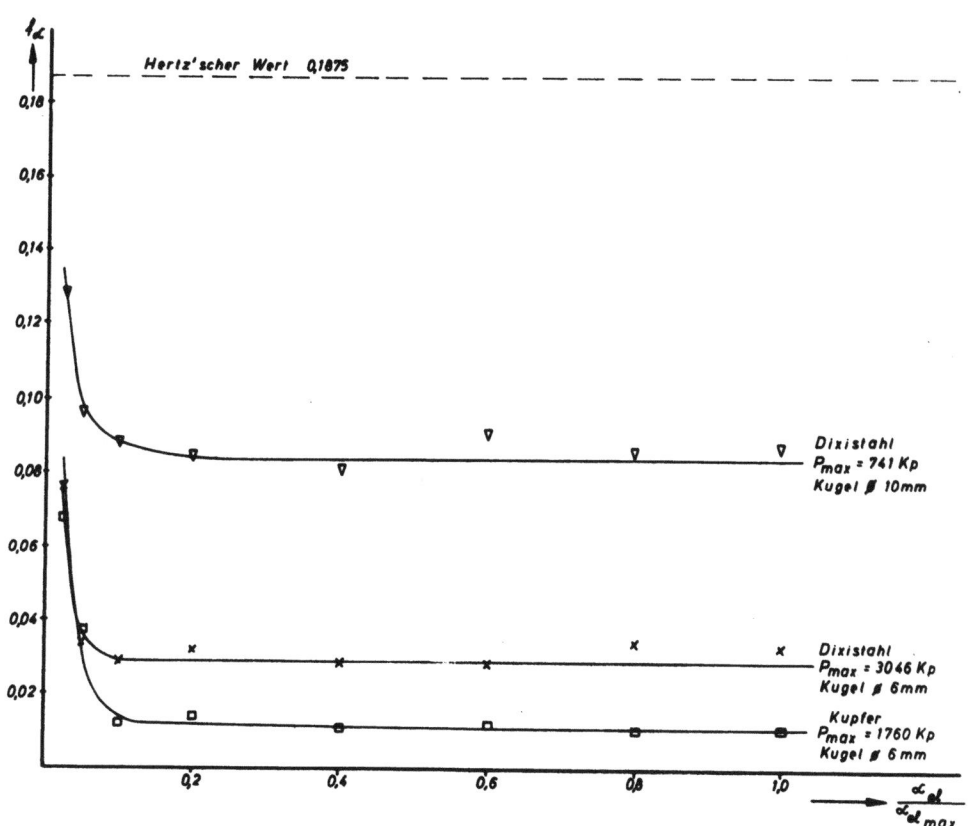

Abbildung 12

f_α als Funktion von $\dfrac{\alpha_{el}}{\alpha_{el\,max}}$

4. Bestimmung von m und f_a

Einen Hinweis auf die Größe des Exponenten m von Gleichung (1b) erhält man aus der Tatsache, daß, wie Abbildung 7 zeigt, $a \cdot \alpha_{el} (P_{max})$ nicht vom Prüfkugelradius abhängt. Andererseits ist aber z eine Funktion von P_{max} und r_o. $\alpha_{el} \cdot a$ ist das Produkt aus den Gleichungen (1b) und (2b). Unabhängigkeit von r_o ist nur gegeben, wenn bei dieser Produktbildung $z^{1-2n} z^{1-2m} = 1$ wird, hieraus folgt $\underline{m = 1 - n}$.

Die Richtigkeit dieser Folgerung kann man auf folgende Art prüfen. Logarithmiert man Gleichung (1b), so erhält man

$$\log \frac{a}{z^{1-2m}} = m \log \left[f_a (\vartheta_0 + \vartheta) \right] + m \log P$$

Trägt man also in ein doppelt logarithmisches Diagramm $\frac{a}{z^{1-2m}}$ gegen P auf, so muß eine Gerade mit der Steigung m sich ergeben. Das ist aber nur erfüllt, wenn bei der Berechnung von $\frac{a}{z^{1-2m}}$ der richtige Wert für m eingesetzt worden ist. m ist also zur Prüfung solange zu variieren, bis das eingesetzte m mit der Steigung der sich ergebenden Geraden übereinstimmt.

Abbildung 13 zeigt, daß dies in der Tat im Rahmen der Meßgenauigkeit der Fall ist. In dem Lastbereich, in dem sich auch n als konstant = 0,58 ergibt, erhält man auch für m einen konstanten Wert, und zwar m = 0,42. Daraus folgt, (9) m = 1 - n.

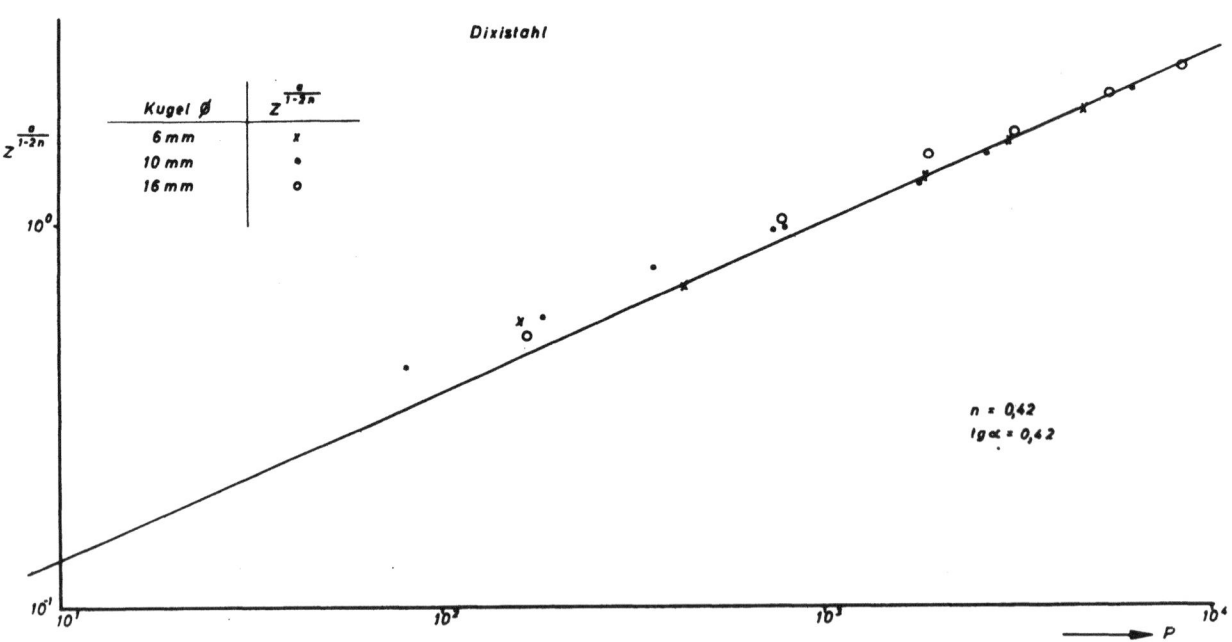

Abbildung 13

$\frac{a}{z^{1-2m}}$ als Funktion von P bei Dixistahl

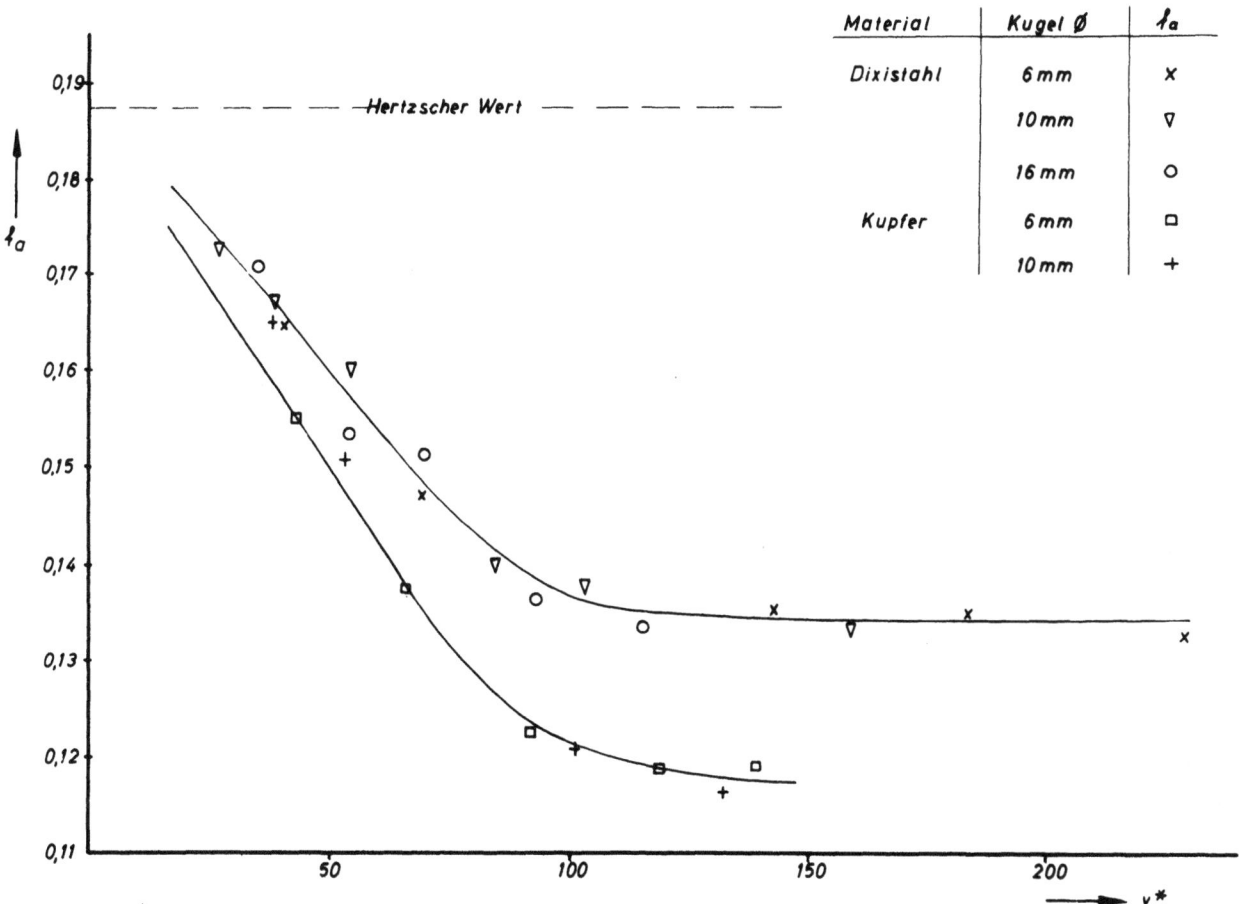

Abbildung 14

f_a als Funktion der reduzierten Endlast y^*_{max}

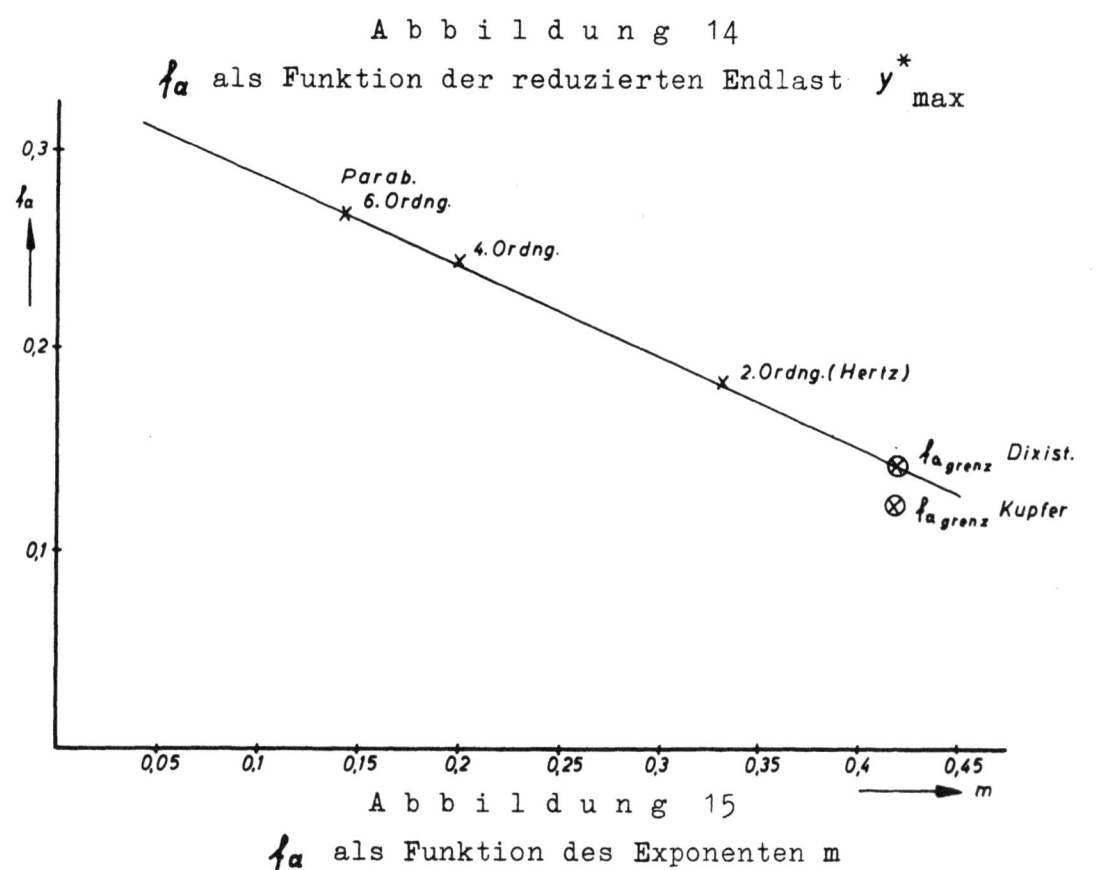

Abbildung 15

f_a als Funktion des Exponenten m

Nachdem über m und z verfügt ist, kann Gleichung (1b) als Bestimmungsgleichung für f_a benutzt werden. Das Ergebnis zeigt Abbildung 14. Auch hier ergibt sich als Grenzfall für kleine Lasten der HERTZsche Wert $f_a = \frac{3}{16}$.

Wie Abbildung 15 zeigt, in der für Paraboloide der Ordnung n = 2,4 und 6 nach den Schubertschen Rechnungen f_a gegen m aufgetragen ist, fügen sich die aus unseren Messungen folgenden Werte gut in diesen Verlauf ein.

VI. Zusammenfassung

An Hand experimenteller Ergebnisse wird gezeigt, daß die HERTZschen Formeln beim Brinellversuch das elastische Verhalten nur bei sehr kleinen (praktisch unzugänglichen) Prüflasten beschreiben können. Es werden verallgemeinerte HERTZsche Formeln eingeführt und experimentell, vor allem durch Messung der elastischen Verformungsarbeit, die durch diese Verallgemeinerung variabel gewordenen Parameter bestimmt.

Literaturverzeichnis

[1] KAPPLER, E. Eine Bestimmung des Elastizitätsmodul aus dem Eindringversuch.
Phys. Zeitschr. XLV, 1944

Über die Härte.
Zt.f.Angew.Physik, Bd. 1/12, 1949

[2] POTT, Fr.Ph. Diplomarbeit Münster 1952 und
DAMBACHER, H. Diplomarbeit Münster 1955.
(s. auch: E. KAPPLER: Die Härte metallischer Werkstoffe.
VDI-Zt.Bd.97, (1955) Nr. 15/16)

[3] HERTZ, H. Über die Berührung fester elastischer Körper.
J. für reine und angew.Math., Bd. 92

[4] PRIGGE, W. Elastizitätstheorie der Kugelpressung.
Dissertation Münster 1955

[5] SCHUBERT, G. Zur Frage der Druckverteilung unter elastisch gelagerten Tragwerken.
Ing.Archiv XIII/3, 1942

FORSCHUNGSBERICHTE DES LANDES NORDRHEIN-WESTFALEN

Herausgegeben durch das Kultusministerium

PHYSIK

HEFT 10
Prof. Dr. W. Vogel, Köln
„Das Streifenpaar" als neues System zur mechanischen Vergrößerung kleiner Verschiebungen und seine technischen Anwendungsmöglichkeiten
1953, 20 Seiten, 6 Abb., DM 4,50

HEFT 62
Prof. Dr. W. Franz, Institut für theoretische Physik der Universität Münster
Berechnung des elektrischen Durchschlags durch feste und flüssige Isolatoren
1954, 36 Seiten, DM 7,—

HEFT 103
Prof. Dr. W. Weizel, Bonn
Durchführung von experimentellen Untersuchungen über den zeitlichen Ablauf von Funken in komprimierten Edelgasen sowie zu deren mathematischen Berechnung
1955, 32 Seiten, 12 Abb., DM 9,10

HEFT 104
Prof. Dr. W. Weizel, Bonn
Über den Einfluß der Elektroden auf die Eigenschaften von Cadmium-Sulfid-Widerstands-Photozellen
1955, 48 Seiten, 12 Abb., DM 9,45

HEFT 107
Prof. Dr. H. Lange und Dipl.-Phys. P. St. Pütter, Köln
Über die Konstruktion von Laboratoriumsmagneten
1955, 66 Seiten, 19 Abb., 1 Tabelle, DM 12,30

HEFT 122
Prof. Dr. W. Fuchs †, Aachen
Untersuchungen zur Verbesserung der Wasseraufbereitung und Wasseranalyse:
Über die Schnellbewertung von Ionenaustauschern
1955, 48 Seiten, 32 Abb., DM 12,30

HEFT 125
Prof. Dr. E. Kappler, Münster
Eine neue Methode zur Bestimmung von Kondensations-Koeffizienten von Wasser
1955, 46 Seiten, 11 Abb., 1 Tabelle, DM 9,10

HEFT 141
Dr. J. van Calker und Dr. R. Wienecke, Münster
Untersuchungen über den Einfluß dritter Analysenpartner auf die spektrochemische Analyse
1955, 42 Seiten, 15 Abb., DM 9,10

HEFT 145
Dr. G. Hennemann, Werdohl (Westf.)
Beitrag zur Interpretation der modernen Atomphysik
1955, 34 Seiten, DM 10,—

HEFT 148
Prof. Dr. H. Bittel und Dipl.-Phys. L. Storm, Münster
Untersuchungen über Widerstandsrauschen
1955, 40 Seiten, 5 Abb., DM 8,40

HEFT 157
Dr. W. Jawtusch, Dr. G. Schuster und Prof. Dr.-Ing. R. Jaeckel, Bonn
Untersuchungen über die Stoßvorgänge zwischen neutralen Atomen und Molekülen
1955, 48 Seiten, 15 Abb., 3 Tabellen, DM 10,50

HEFT 169
Forschungsinstitut für Pigmente und Lacke, Stuttgart
Arbeiten über die Bestimmung des Gebrauchswertes von Lackfilmen durch physikalische Prüfungen
1955, 70 Seiten, 23 Abb., 4 Tabellen, DM 15,—

HEFT 174
Prof. Dr. phil. C. v. Fragstein, Dr. J. Meingast und H. Hoch, Köln
Herstellung von Solen einheitlicher Teilchengröße und Ermittlung ihrer optischen Eigenschaften
1955, 78 Seiten, 80 Abb., 4 Tabellen, DM 18,25

HEFT 178
Prof. Dr. M. v. Stackelberg und Dr. W. Hans, Bonn
Untersuchungen zur Ausarbeitung und Verbesserung von polarographischen Analysenmethoden
1955, 46 Seiten, 14 Abb., DM 10,50

HEFT 187
Dipl.-Ing. F. Göttgens, Essen
Über die Eigenarten der Bimetall-, Thermo- und Flammenionisationssicherungsmethode in ihrer Anwendung auf Zündsicherungen
1955, 40 Seiten, 6 Abb., 4 Tabellen, DM 8,40

HEFT 189
Fa. E. Leybold's Nachfolger, Köln
I. Ausgewählte Kapitel aus der Vakuumtechnik
II. Zum Verlust anorganisch-nichtflüchtiger Substanzen während der Gefriertrocknung
1955, 52 Seiten, 16 Abb., 3 Tabellen, DM 11,20

HEFT 194
Dr. K. Hecht, Köln
Entwicklung neuartiger physikalischer Unterrichtsgeräte
1955, 42 Seiten, 16 Abb., DM 9,90

HEFT 209
Dr. K. Bunge, Leverkusen
Materialabbau in Funkenentladungen. Untersuchungen an Zinkkathoden
1956, 54 Seiten, 10 Abb., 5 Tabellen, DM 11,40

HEFT 210
Dr. W. Porschen und Prof. Dr. W. Riezler, Bonn
Langlebige Alphaaktivitäten bei natürlichen Elementen
1955, 40 Seiten, 5 Abb., 4 Tabellen, DM 8,80

HEFT 233
Dr. H. Haase, Hamburg
Infrarot-Bibliographie *1956, 90 Seiten, DM 17,80*

HEFT 251
Prof. Dr. H. Bittel, Münster
Zur Statistik der ferromagnetischen Elementarvorgänge und ihren Einfluß auf das Barkhausenrauschen
1956, 52 Seiten, 14 Abb., DM 11,65

HEFT 259
Prof. Dr. W. Linke, Aachen
Strömungsvorgänge in künstlich belüfteten Räumen
1956, 52 Seiten, 37 Abb., 1 Tabelle, DM 11,80

HEFT 264
Prof. Dr. W. Weizel, Bonn
Durch schnelle Funkenzusammenbrüche ausgelöste Signale auf einer Leitung
1956, 26 Seiten, 4 Abb., 3 Tabellen, DM 6,10

HEFT 267
Prof. Dr. W. Weizel und B. Brandt, Bonn
Zur Stabilität stromstarker Glimmentladungen
1956, 36 Seiten, 7 Abb., DM 8,40

HEFT 299
Dr. J. Fassbender und W. Hoppe, Bonn
Eine photoelektrische Nachlaufeinrichtung für Analogie-Rechenmaschinen
1956, 20 Seiten, 8 Abb., DM 7,65

HEFT 326
Prof. Dr.-Ing. E. Essers, Dr.-Ing. J. Essers und Dipl.-Ing. J. Klein, Aachen
Deichselkräfte an Lastzügen
1957, 96 Seiten, 34 Abb., DM 22,10

HEFT 329
Dipl.-Ing. A. Krüger, Karlsruhe und Feuerwehr-Ing. R. Radusch, Dortmund
Wasserzerstäubung im Strahlrohr
1956, 78 Seiten, 21 Abb., 3 Tabellen, DM 18,65

HEFT 330
Dr.-Ing. E. Pepping, Aachen
Die Durchflußzahl des Rechteckschlitzes in einer sehr großen Wand
1957, 54 Seiten, 21 Abb., DM 12,35

HEFT 332
Prof. Dr.-Ing. R. Jaeckel und Dr. G. Reich, Bonn
Messung von Dampfdrucken im Gebiet unter 10^{-2} Torr
1956, 34 Seiten, 16 Abb., 2 Tabellen, DM 10,40

HEFT 334
Prof. Dr. W. Weizel und Dr. G. Meister, Bonn
Spektralanalyse durch Messung des Interferenz-Kontrastes
1956, 42 Seiten, 8 Abb., DM 9,30

HEFT 335
Prof. Dr. W. Weizel und H. Hornberg, Bonn
Untersuchungen der anodischen Teile einer Glimmentladung
1957, 50 Seiten, 19 Farbabb., 21 Abb., 1 Tab., DM 32,80

HEFT 341
Prof. Dr.-Ing. H. Winterhager und Dipl.-Ing. L. Werner, Aachen
Präzisions-Meßverfahren zur Bestimmung des elektrischen Leitvermögens geschmolzener Salze
1956, 44 Seiten, 19 Abb., 1 Tabelle, DM 10,60

HEFT 344
Prof. Dr.-Ing. W. Fucks, Aachen
Zur Deutung einfachster mathematischer Sprachcharakteristiken
1956, 38 Seiten, 12 Abb., DM 7,80

HEFT 356
Dipl.-Phys. G. Gurke, Aachen
Aufbau einer Meßanlage für Untersuchungen elektrischer Gasentladung im Bereiche großer p. d.-Werte
1956, 38 Seiten, 13 Abb., 1 Tabelle, DM 8,65

HEFT 357
Prof. Dr.-Ing. W. Fucks, Aachen
Mathematische Analyse der Formalstruktur von Musik
1958, 54 Seiten, 29 Abb., 16 Tabellen, DM 13,60

HEFT 361
Dipl.-Ing. H. F. Klein, Aachen
Die nichtstationären Strömungsvorgänge und der Wärmeübergang in einem Schwingfeuergerät
1957, 84 Seiten, 34 Abb., 4 Falttafeln, DM 25,90

HEFT 368
Prof. Dr. phil. H. Kaiser, Dortmund
Entwicklung betriebsmäßiger spektrochemischer Analysenverfahren für technische Gläser
1957, 40 Seiten, 11 Abb., DM 9,10

HEFT 369
Dipl.-Phys. F. J. Schittko, Bonn
Gasabgabe von Werkstoffen ins Vakuum
1957, 48 Seiten, 20 Abb., 6 Tabellen, DM 13,30

HEFT 375
Technischer Überwachungsverein e. V., Essen
Wanddickenmessungen mittels radioaktiver Strahlen und Zählrohrgerät
1958, 38 Seiten, 15 Abb., DM 9,55

HEFT 380
Dipl.-Phys. R. Trappenberg, Karlsruhe
Theoretische und experimentelle Untersuchungen zur Staubverteilung einer Rauchfahne
1957, 64 Seiten, 7 Abb., 18 Tabellen, DM 14,90

HEFT 386
Prof. Dr.-Ing. H. Opitz und Dipl.-Ing. O. Hake, Aachen
Standzeituntersuchungen und Verschleißmessungen mit radioaktiven Isotopen
1958, 36 Seiten, 33 Abb., 3 Tabellen, DM 12,75

HEFT 404
Prof. Dr. R. Jaeckel und Dipl.-Phys. F. Gross, Bonn
Die Löslichkeit von Gasen in schwerflüchtigen organischen Flüssigkeiten
1957, 46 Seiten, 17 Abb., 1 Tabelle, DM 11,50

HEFT 415
Prof. Dr.-Ing. W. Paul, Dr. rer. nat. O. Osberghaus und Dipl.-Phys. E. Fischer, Bonn
Ein Ionenkäfig
1958, 42 Seiten, 18 Abb., 2 Tabellen, DM 13,65

HEFT 419
Dipl.-Ing. K. Brocks, Mülheim Ruhr
Die Messungen der Reflexionseigenschaften künstlicher und natürlicher Materialien mit quasi-optischen Methoden bei Mikrowellen
1957, 78 Seiten, 52 Abb., DM 20,35

HEFT 420
Dipl.-Ing. M. Vogel, Oberpfaffenhofen
Das Spektralgebiet zwischen dem langwelligen Ultrarot und Mikrowellen
1957, 56 Seiten, 2 Abb., DM 13,50

HEFT 432
Dipl.-Phys. Dr. R. Werz, Bonn
Die Entwicklung einer Synchrozyklotron-Ionenquelle
1958, 122 Seiten, 90 Abb., 1 Tabelle, DM 30,30

HEFT 439
Prof. Dr. phil. H. Lange, Köln und Dr. rer. nat. R. Kohlhaas, Neuß/Rh.
Anwendung der thermomagnetischen Analyse zum Studium des Umwandlungsverhaltens von Eisenwerkstoffen im Temperaturbereich von $-150°C$ bis $+1500°C$
1958, 96 Seiten, 72 Abb., 2 Tabellen, DM 27,10

HEFT 443
Prof. Dr. phil. W. Weizel und K. Kluth, Bonn
Über die Struktur der positiven Gleitentladungen
1957, 44 Seiten, 30 Abb., DM 12,20

HEFT 450
Prof. Dr.-Ing. W. Paul, Bonn und Dipl.-Phys. H. P. Reinhard, M.-Gladbach
Das elektrische Massenfilter als Isotopentrenner
1958, 56 Seiten, 20 Abb., DM 13,50

HEFT 459
Prof. Dr. phil. F. Wever, Dr. phil. O. Krisement und H. Schädler, Düsseldorf
Ein isothermes Mikrokalorimeter zur kinetischen Messung von Umwandlungs- und Ausscheidungsvorgängen in Legierungen
? Seiten, 14 Abb., DM 10,75

HEFT 460
Prof. Dr. phil. F. Wever und Dr. rer. nat. B. Ilschner, Düsseldorf
Ein isothermes Lösungskalorimeter zur Bestimmung thermo-dynamischer Zustandsgrößen von Legierungen
1957, 32 Seiten, 7 Abb., 4 Tabellen, DM 10,40

HEFT 502
Prof. Dr. M. Diem und Dr. R. Trappenberg, Karlsruhe
Berechnung der Ausbreitung von Staub und Gas
1957, 18 Seiten Text und 67 z. T. großformatige zweifarbige Diagramme, DM 37,30

HEFT 504
Prof. Dr. phil. F. Wever, Dr. phil. W. Wink und Dr. rer. nat. W. Jellinghaus, Düsseldorf
Versuchsanordnung zur Messung der Suszeptibilität paramagnetischer Stoffe und Meßergebnisse an Nickel-Chrom- und Kobalt-Nickel-Chrom-Werkstoffen
1958, 38 Seiten, 10 Abb., 2 Tabellen, DM 9,95

HEFT 507
Prof. Dr. H. Kaiser, Dortmund, Dr. G. Bergmann, Dortmund und Priv.-Doz. Dr. G. Kresze, Berlin
Kartei zur Dokumentation in der Molekülspektroskopie
1958, 34 Seiten, 3 Abb., 6 Tabellen, DM 11,90

HEFT 510
Prof. Dr. rer. nat. W. Groth, Dr.-Ing. K. Bayerle, Dr. rer. nat. H. Ihle, Dr. rer. nat. A. Murrenhoff, E. Nann und Dr. rer. nat. K. H. Welge, Bonn
Anreicherung der Uranisotope nach dem Gaszentrifugenverfahren
1958, 76 Seiten, 43 Abb., DM 21,20

HEFT 516
Prof. Dr.-Ing. H. Müller, Dipl.-Ing. F. Reinke und Dipl.-Ing. W. Sorgenicht, Essen
Gesamtstrahlungsmessungen der Temperaturstrahlung
1958, 82 Seiten, 18 Abb., DM 22,80

HEFT 519
Prof. Dr. phil. F. Wever, Dr. phil. W. Koch und Dr. phil. S. Eckhard, Düsseldorf
Die spektrographische Bestimmung der Spurenelemente in Stahl ohne vorherige Abbrennung
1958, 36 Seiten, 22 Abb., DM 12,60

HEFT 527
Dr. rer. nat. K. G. Müller, Hanau/W.
Wärmeübertragung an eine Flugstaubströmung im senkrechten Rohr sowie auf eine durchströmte Schüttgutschicht
1958, 74 Seiten, 34 Abb., 7 Tabellen, DM 20,70

HEFT 537
Dr.-Ing. N. Gössl, Frankfurt/M.
Probleme der Zugförderung im Zusammenhang mit der Ausnutzung der Atom-Energie
1958, 116 Seiten, 28 Abb., 12 Tabellen, DM 29,90

HEFT 548
Prof. Dr.-Ing. K. Leist und J. Weber, Aachen
Spannungsoptische Untersuchungen von Turbinenscheiben mit angefrästen und eingesetzten Schaufeln
in Vorbereitung

HEFT 549
Dr.-Ing. R. Merten, Duisburg
Resonanzanpassung bei einem Tiefpaß
1958, 22 Seiten, 16 Abb., DM 9,—

HEFT 550
Dr. H. Stephan, Bonn
Elektrisches Standhöhenmeßgerät für Flüssigkeiten
1958, 26 Seiten, 13 Abb., 2 Tabellen, DM 10,10

HEFT 551
Prof. Dr. phil. W. Weizel und Dipl.-Phys. B. Brandt, Bonn
Betriebsbedingungen einer stromstarken Glimmentladung
1958, 68 Seiten, 18 Abb., DM 16,—

HEFT 567
Dr. rer. nat. K. Sauerwein, Düsseldorf
Anwendungen radioaktiver Isotope in der Technik
in Vorbereitung

HEFT 583
Prof. Dr. phil. F. Kirchner, Dipl.-Phys. H. Baron und Dipl.-Phys. H. Kirchner, Köln
Verwendbarkeit von Zählrohren zu massenspektrometrischen Untersuchungen
1958, 12 Seiten, 5 Abb., DM 6,70

HEFT 590
Übergabe des Synchro-Zyklotrons an das Institut für Strahlen- und Kernphysik der Universität Bonn am 8. Mai 1957
1958, 52 Seiten, 16 Abb., DM 16,50

HEFT 594
Prof. Dr. A. Nikuradse, München
Energieabsorption von Atomkernstrahlen in organischen Stoffen und durch sie hervorgerufene Reaktionsprozesse
in Vorbereitung

HEFT 595
Prof. Dr. A. Nikuradse und Dipl.-Phys. K. Kugler, München
Einfluß der molekularen bzw. atomaren Beschaffenheit der Festwandoberflächenschicht auf die Wechselwirkung zwischen auftreffenden Gasmolekülen und der Wand
1958, 16 Seiten, 9 Abb., DM 8,40

HEFT 608
Prof. Dr. habil. W. Linke und Dipl.-Ing. W. Hufschmidt, Aachen
Wärmeübergang bei pulsierender Strömung

HEFT 615
Prof. Dr. W. Weizel und D. H. Whang, Bonn
Stromverteilung auf der Kathode einer Glimmentladung in Spalten bei hohen Drucken und abseits stehender Anode
in Vorbereitung

HEFT 616
Prof. Dr. W. Weizel und Dr. W. Ohlendorf, Bonn
Die Glimmentladung in spaltartigen Entladungsräumen
in Vorbereitung

HEFT 622
Prof. Dr. W. Franz, Münster
Theorie der Elektronenbeweglichkeit in Halbleitern
in Vorbereitung

HEFT 642
Prof. Dr.-Ing. H. Müller und Dr.-Ing. H.-J. Eckhardt, Elektrowärme-Institut, Essen und Langenberg
Die dielektrische Trocknung bei erniedrigtem Luftdruck mit Beiträgen zum physikalischen Verhalten der Mischkörper
in Vorbereitung

HEFT 652
Dr. phil. nat. H. Haase, Hamburg
Infrarot - Bibliographie II
in Vorbereitung

HEFT 653
Prof. Dr. K. Hamann und Dr. W. Funke, Stuttgart
Die Schutzwirkung organischer Inhibitoren in wäßriger Lösung gegenüber Eisen
in Vorbereitung

HEFT 656
Prof. E. Jenckel, Aachen
Das Verkleben von Aluminium mit carboxylsubstituierten Polystyrolen
in Vorbereitung

HEFT 657
Prof. Dr. W. Weizel, Bonn
Glimmentladungen an festen nichtmetallischen Elektroden

HEFT 662
Prof. Dr. phil. H. Lange, Dr. rer. nat. R. Kohlhaas, Köln
Über die Konstruktion von Laboratoriumsmagneten 2. Teil: Technische Ausführung verschiedener Magnettypen
in Vorbereitung

HEFT 683
Prof. Dr.-Ing. R. Jaeckel, Dr. rer. nat. H. H. Kutscher, Bonn
Das Verhalten von Überschallströmungen bei Drucken unter 1 Torr
in Vorbereitung

HEFT 684
Prof. Dr. sc. techn. F. Schultz-Grunow, Dr.-Ing. Hansgeorg Hein, Aachen
Beiträge zur Grenzschichtströmung
in Vorbereitung

HEFT 687
Prof. Dr. E. Kappler, Münster
Elastisches Verhalten metallischer Werkstoffe im Bereich der plastischen Verformung beim Zugversuch und beim Brinell'schen Kugeldruckversuch

Ein Gesamtverzeichnis der Forschungsberichte, die folgende Gebiete umfassen, kann bei Bedarf vom Verlag angefordert werden:

Acetylen / Schweißtechnik - Arbeitspsychologie und -wissenschaft - Bau / Steine / Erden - Bergbau - Biologie - Chemie - Eisenverarbeitende Industrie - Elektrotechnik / Optik - Fahrzeugbau / Gasmotoren - Farbe / Papier / Photographie - Fertigung - Gaswirtschaft - Hüttenwesen / Werkstoffkunde - Luftfahrt / Flugwissenschaften - Maschinenbau - Medizin / Pharmakologie / Physiologie - NE-Metalle - Physik - Schall / Ultraschall - Schiffahrt - Textiltechnik / Faserforschung / Wäschereiforschung - Turbinen - Verkehr - Wirtschaftswissenschaften.

MIX
Papier aus verantwortungsvollen Quellen
Paper from responsible sources
FSC® C105338

If you have any concerns about our products,
you can contact us on
ProductSafety@springernature.com

In case Publisher is established outside the EU,
the EU authorized representative is:
**Springer Nature Customer Service Center GmbH
Europaplatz 3, 69115 Heidelberg, Germany**

Printed by Libri Plureos GmbH
in Hamburg, Germany